U0853268

阅

阅读成就思想……

Read to Achieve

情绪自救

化解焦虑、抑郁、失眠的七天自我疗愈法

李宏夫◎著

中国人民大学出版社
· 北京 ·

图书在版编目（C I P）数据

情绪自救 : 化解焦虑、抑郁、失眠的七天自我疗愈法 / 李宏夫著. -- 北京 : 中国人民大学出版社，2020.8
ISBN 978-7-300-28438-5

Ⅰ. ①情… Ⅱ. ①李… Ⅲ. ①情绪—自我控制②精神疗法 Ⅳ. ①B842.6②R749.055

中国版本图书馆CIP数据核字(2020)第139846号

情绪自救：化解焦虑、抑郁、失眠的七天自我疗愈法

李宏夫　著

Qingxu Zijiu: Huajie Jiaolü、Yiyu、Shimian de Qi Tian Ziwo Liaoyufa

出版发行	中国人民大学出版社		
社　址	北京中关村大街 31 号	邮政编码	100080
电　话	010–62511242（总编室）		010–62511770（质管部）
	010–82501766（邮购部）		010–62514148（门市部）
	010–62511173（发行公司）		010–62515275（盗版举报）
网　址	http://www.crup.com.cn		
经　销	新华书店		
印　刷	天津中印联印务有限公司		
开　本	890 mm × 1240 mm　1/32	版　次	2020 年 8 月第 1 版
印　张	6　插页 1	印　次	2025 年 10 月第 27 次印刷
字　数	117 000	定　价	59.00 元

前言

做情绪的主人

很高兴在茫茫人海中，与你结缘于此书。这不是一本理论说教式的书，而是注重实际操练的工具书。生活中不如意之事十之八九，然而我们不应被消极情绪所支配，更不能让它影响自己正常的生活、工作、人际关系，甚至是身体健康。每个人都想拥有从容、淡定的心态，但没有经过训练的心灵很可能无法成就任何事情。

从出生到现在，我们的内心已背负了太多世俗的价值观、大道理以及好坏、善恶、对错的标准。很多时候，恰恰是这些观念和规条限制了我们内心的自由与安宁，此书介绍的操练方法正是要帮助你解放那些束缚着心灵的绳索，重获从容与淡定。

多年以来，我一直非常喜欢葛印卡老师内观开示的故事——《游泳学》。

从前，有位年轻的教授，他知识渊博，但实际生活经验却很少。有一次他出海旅行，在船上结识了一位老水手，老水手没有文化，他非常敬佩这位年轻教授的博学多识，并且非常喜欢听他高谈阔论。

一天晚上，老水手忙完后，来到年轻教授的舱房领受他的博学。就在老水手听得津津有味时，年轻教授问："老伯，你对地质学有了解吗？"

"教授，什么是地质学？"

"就是有关地球的科学啊，老伯。"

"惭愧，教授，我没有上过学，不知道什么是地质学。"

"那真遗憾，老伯，你生命的四分之一已经荒废了。"

老水手听后非常沮丧地离开了，心想："这位年轻教授这么说我，那必定是真的。"

第二天晚上，老水手正准备离开年轻教授的舱房时，教授又问："老伯，你对海洋学有了解吗？"

"那又是什么，教授？"

"就是有关海洋的科学，老伯。"

"我不懂，教授。我跟您说过，我从未上过学，也不了解什么科学。"

“老伯，你生命的四分之二也荒废了。”

老水手听后更加难过，灰头土脸地离开了。

又一天晚上，年轻教授继续询问老水手：“老伯，你对气象学有了解吗？”

“教授，正如我之前说过的，我从未上过学，完全不了解任何学问。”

“老伯，你难道对你居住的地球、你赖以生存的海洋，以及你每天面对的气候都不了解吗？”

“是的，教授，我每天就是想着做好自己分内的工作，况且我多次和您说过，我从没上过学。”

“很难想象，老伯，你生命的四分之三也已经被你荒废了。”

老水手难过至极，嘴里不停地念叨着：“我已经荒废了我四分之三的生命了……”

没过多长时间，老水手急忙忙地返回了年轻教授的舱房，追问道：“教授，你对游泳学有了解吗？”

“是的，老伯，我了解。”

“那你一定游得很好了，教授。”

“噢，不，老伯，我了解游泳的原理，但我从没有下过水。”

“那真是太不幸了，教授。这艘船已经撞上了礁石，用不了多长时间就会沉没，会游泳的人可以游到最近的岸边，否则就会被淹死。我真是为你感到惋惜，教授，你即将失去你全部的生命了！”

也许你博学多识，懂得很多道理和学问，甚至能够“长篇大论”，这固然是好的，但如果你没有亲身实践和验证那些道理，又有什么用呢？从容是一种心态，也是一种修养。从容不能只凭一句空话、几个道理，从容需要实实在在的修炼。就像这位年轻教授，虽然他懂得种种学问，包括“游泳学”，可是他并没有亲身下水去练习过，仅限于知识上的了解，这对他的生命又有何用呢？

本书介绍的几种情绪调节法

本书介绍了调节情绪的两种基本方法，分别为情绪平衡法和观息法。其中观息法是本书情绪处理的核心方法。观息法可以衍生出针对失眠以及较严重情绪问题的各种方法。

这些方法都是非常简单有效的，能帮助我们有效地处理情绪困扰，保持平稳、积极的心态。如果你能以开放、认真的心态去练习，一定会获益匪浅。

为了让大家能够灵活地运用这些方法，在较短时间内收获良好的效果，在此，我先对这些方法做一个简要的介绍。

随时随地恢复平静的情绪平衡法

这是一种随时随地都可以使用的、利用深呼吸来应对突发情绪的方法。当一种强烈的消极情绪出现时，无论身在何处，我们都可以根据自己当时的情况，用这个方法恢复平静。

深入调整情绪的观息法

这是一种通过观察呼吸来发展“觉知”与“平等心”的能力，从内在化解消极情绪的方法。它是帮助我们建立稳定情绪的基础方法，更是本书所有方法的核心。只要持续、用心地练习观息法，发展出“觉知”与“平等心”，就能快速有效地化解当下出现的任何一种情绪。

失眠的观息法处理

对于经常出现失眠问题的朋友，此方法可以有效地改善其睡眠质量。简单来说，它是以观息法练习的核心要领——“觉知”和“平等心”，来化解我们对睡眠以及其他问题的种种紧张和焦虑情绪的。通过观察呼吸，我们的心就会慢慢稳定下来，在不知不觉中自然地进入睡眠状态。

日常生活中的情绪调节法

在后面的章节里，我为大家提供了两种日常生活中的情绪调节技巧，分别是“随时观察呼吸”和在生活中发展“觉知”与“平等心”。这两种技巧是提升我们的心灵品质、随时保持平静的操练方法，你可以有选择性地实践。

七天自我疗愈法

针对比较严重的情绪问题，我们设计了一套在七天内实现情绪转化的练习方案。这个方案是以观息法和情绪平衡法为基础，并配合每天一课的誓言法练习。它注重的是每天实际的练习，而不是飘忽的理论，只要你认真、用心地去操练，就一定会获得实际的效果。

上述各种方法，我们可以根据个人情况，自行调整练习时间和练习方案。但要强调的是，观息法是情绪调节练习的核心和基础，是必不可少的练习。情绪平衡法、失眠的处理及其他操练方案，都是从观息法练习衍生而来的。只有最基础的方法运用好了，其他方法才能更好地为我们所用，才能按个人感觉自由搭配、灵活调整。

目 录
contents

4

远离失眠：安然入睡的方法

5

日常生活中的情绪调节法

6

七天自我疗愈法

7

在无常变化中保持一颗安稳的心

第 1 章

情绪是一种能量的传递

认清情绪的本来面目

情绪一般分为积极情绪和消极情绪，但它本身并无好坏之分。通常我们生活中说的“有情绪”，意指消极负面的情绪。

生活中出现的消极情绪一般都有诱因——某个事件或某个人。在消极情绪出现时，我们是要压抑自己还是去惩罚他人？答案绝非只有这两种，因为这两种选择最后都会伤害到自己。真正可以让自己不受伤害的方式很简单，就是遵从这种情绪的自然表现，接受它，不与它纠缠。但是，这并不意味着我们要忍受情绪，或是任由情绪摆布。

世间万事万物都是变化无常的，情绪也遵循着这个规律，也是在无常变化的。当情绪出现的时候，如果你不去抗拒打压它，它便会自动转化，慢慢消失。

消极情绪的出现不是无缘无故的，你要意识到“你并非你当下所发生的那种情绪，你只是被这种消极情绪干扰和笼罩了”。当你认识到这一点，认识到情绪的本来面目，和情绪“分离”时，也就不难化解这些情绪了。

要知道，压抑自己或惩罚他人，都相当于认同了那个伤害。而你所做的一切报复行为，也只会强化你心中那个已经被认同的伤害。

也许某种报复行为会暂时让你获得安慰，但它只是暂时的，因为心中那种情绪仍然存在，并没有得到化解。只要那种情绪还在，它就会对照你眼前的世界，随时可能出现，你会发现类似的情况总在发生。事实上，压抑自己或惩罚他人都是在变相助长内心的消极情绪。

情绪是什么

平时，我们更愿意去关注身体的健康问题，而忽略情绪对我们的影响。除非某种情绪已经严重扰乱了我们的正常生活，否则我们很少去关注它。然而，我们不知道的是，我们的所思所想、所作所为，甚至身体的健康状况，或者说，我们现在的一切生活表现，都受情绪的支配。

那什么是情绪呢？

情绪是我们的心灵同外界环境接触而产生的种种感受，它被我们诠释为“好的”“坏的”或是“不好不坏的”。但生活中，我们通常关注的是“好情绪”与“坏情绪”。

我们只喜欢“好”情绪，而排斥“坏”情绪，因为好情绪带给我们的是愉悦、快乐的感觉。但事实上，对好情绪的执着，同时也给心中界分出了一个与之相反的坏情绪。当我们心中产生一种好时，相反的坏也就产生了。道理很简单，我们界定什么是好时，坏的概念也相应而生。知道什么是“对”时，“错”的概念也就出现了……万物自然就是这种阴阳对立的存在。

进一步说，当所处的环境、所接触的人或事符合我们的心意时，我们就会表现出愉悦和快乐的情绪；反之，如果事物背离我们的心意，我们就会陷入失望、愤怒或是不满的情绪中。事实上，情绪本身没有好坏之分，它只是一种感受而已，是我们内心的贪恋和厌恶造成了喜怒哀乐等情绪的分别。如果我们能正确地看待自己的情绪，知道好情绪和坏情绪就像硬币的两面一样只是一种存在，不排斥它，接受这个现象，那我们在生活中就可以感受到更多内心的平静与安稳。

情绪来自对过去经验的认同

在这个紧张、忙碌的时代，人们变得越来越浮躁了，情绪也经常扰乱我们的生活，所以懂得如何调节情绪是非常重要的。

在生活和工作中，我们可能会因为一件小事和同事争吵、和父母争论、与爱人吵架、无故地训斥孩子……那么，这些情绪到底从何而起呢？常常连我们自己都不清楚。

情绪是一种能量的传递，更是我们生命的动力。当我们感到愉快时，我们就会感觉精力充沛、热情饱满，做事情往往也是事半功倍。当我们感到不愉快时，我们就会变得消沉颓废，生活一片混乱——两种情绪状态给我们带来了不同的境遇。这不是情绪的问题，也不是我们认定的那些造成情绪的人或物的问题，而是来自我们对过去经验的认同。

我们需要对自己的情绪负责。所有已经发生的不愉快，都不能成为我们惩罚自己，或是“理所当然”讨伐别人的借口。

情绪通常以一种能量形式存在，任何过去没有处理的消极情绪，都会积压在我们内心深处，在某个条件下爆发。如果我们懂得转化这股情绪，它将为我们所用，否则，不仅伤害自己也会伤害他人。从本质上讲，你并不能真正伤害到他人，别人同样也不能真正伤害到你。真正的伤害都是源于我们对“伤害”的认同。

情绪是我们内在感受的一种外在表现。每当我们的身体感官同外界接触时，就会产生一种感觉。比如说，当看到黑色时，你的感觉可能是庄重儒雅；或许你感觉很不好，因为黑色会让你感到黑暗、压抑；也许你还会有其他种种感受——不同的人可能对黑色有着不同的感受，但我们可以看到这绝不是黑色本身的意义。不管你的感受是好的还是坏的，都是来自你过去的经验。我们就是这样受过去经验的支配的。

当我们看到一个人，或听闻一件事时，内心就会被过去的经验引导出一种感受，并产生一种相应的情绪。我们对一件事情的感受越多，我们内在对应的那种情绪的能量就会越大。

如果我们可以善用这种情绪能量，合理调控情绪状态，那么我们便是情绪的主人，而不是情绪的奴隶。我们的生命也必将是旺盛的、悠游自在的。

情绪常常在人与人之间传递

情绪是不断变化和流动着的，当消极情绪出现的时候，我们通常的反应是什么呢?

一种是压抑自己。我们常常想要大度一点，想宽宏大量、以和为贵。但忍耐或压抑的方式，只会让情绪不断地在内心累积。

另一种是对别人发脾气。也许我们会得到短暂的情绪释放，但在我们发脾气的同时，我们就已经伤害了自己。因为“发脾气”就意味着我们对这种情绪的认同和助长，在内心叠加了这种消极情绪，使内在的消极思想越积越多。

这两种处理情绪的方式都是积压消极情绪的过程，终将让我们无法忍受，进而爆发。很多时候，我们都在控制自己的情绪，我们可以感知到被积压的情绪，只是我们不知道如何处理，所以一直以回避的方式来压制它。

情绪总会找一个时机跑出来。有的人在外面不顺心，回到家就拿家人撒气。很多人都深有感受，当我们在外面不顺心的时候，很可能会把这股情绪带回家，也许会因为地上掉了个纸屑，也许会因为凳子没有摆放整齐，总之都是些鸡毛蒜皮的小事，勾起了内在积压的情绪，结果我们把这股情绪转嫁到了家人身上。所以对家人发脾气就是一种最常见的情绪转嫁的表现。

我们应该知道，心情好的时候，这些小事根本不会让我们愤怒。看到地上有纸屑，我们可以把它捡起来丢到垃圾桶里，凳子摆放不整齐，我们也可以随手把它规整一下，整个事情就结束了。可是当我们心情不愉快的时候，我们就会控制不住地把情绪发泄到家人身上。

每个人心里都有一份承受荷载。被我们指责的家人，不管他是忍着也好，还是和我们对着干也好，他的心里也会积压一份消极情绪。当他内心的情绪累积到一个节点的时候，就会在另一个时间对着另一个人，把这股情绪发泄出来。

很多时候，家人成了我们的出气筒，当然我们也不能避免自己成为别人的出气筒。情绪就是这样，从一个人传递到另一个人，然后又传到第三个人身上，不断地轮转着。最常见的情况是，我们内心的情绪最后轮转到我们下意识地认为最安全的那个人身上，也就是我们最信赖、最亲密的人身上。

如果任由情绪这样传递，不是伤害自己就是伤害自己身边最亲的人。只有拥有了自我化解情绪的能力，我们才能停止这种轮转和伤害。

情绪会转化为行动或疾病

如果我们有很多消极情绪（不管是愤怒、恐惧还是抱怨）没有被释放出来，那么这些消极情绪能量会跑到哪里呢？答案是，它们一定在我们的身体里，积压的情绪会转过头来攻击我们的身体。

我们经常看到，许多惯于压抑情绪的人都是疾病缠身，不是这里不舒服就是那里痛，或者身患久治不愈的慢性病。其中，最常见的就是消化系统出现问题，比如得了胃溃疡；或是胸口常常会有堵塞憋闷的感觉，抑或是情绪导致了内分泌系统紊乱，进而造成失眠多梦、身体乏力。

如果孩子的内在消极情绪不能合理地释放掉，他就会出现一些偏差行为。他有可能会伤害自己的身体，或者是做出一些古怪的行为和事情。这些都是情绪长久积压导致的不良反应。

对成人来说，生活中极可能遇到无端责骂自己的领导、不公正的待遇、不理解自己的老公、不听话的孩子……这些都会让我们感到不愉快。其实，真正让我们感到不愉快的，是我们内在那个无法接受的感受，当前发生的状况更多的只是起到了一个引子的作用。因为只有我们自己认同了伤害，才会真正感到受伤。

从另一方面来讲，你要知道，当一个人的言行方式令你感到很不舒服，或者是让你感觉受到了伤害时，他也完全是受他的过往经验支配的。从本质上来说，他并不是针对你这个人，而是他内在的情绪投射到了你的身上，这和专门针对你这个人完全是两码事。

了解这一真相，并不是要我们凡事都去谅解他人，委屈自己，而是要我们看清情绪的转化过程。这样，我们的心灵就会变得更自由。只要我们愿意，没有人可以真正伤害到我们；只要我们愿意，我们就可以选择从另一个更自由、更有建设性的角度去重新看待事物。这时你会发现，你的境遇会因你的看法而改变。

压抑情绪会导致身体出现红灯

情绪与我们的身体有着直接的联系，中医认为“喜伤心、怒伤肝、思伤脾、忧伤肺、恐伤肾”。现代科学进一步证明，我们的情绪会导致免疫系统及内脏器官机能的变化。

美国某医学院研究所做了一个著名的实验，研究人员先将 45 名脾气、秉性完全不同的青年划分为三组。第一组被试性情暴躁、敏感、多疑，情绪容易波动；第二组被试心态较平稳，性格安静，知足常乐，并且为人和善；第三组被试明显表现出外向、积极、乐观、开朗的性格。30 年后，研究人员对这三组人群的情况进行了比对后，揭示出较明显的差异：第一组有 77.3%的人患上了心血管疾病、癌症或是精神障碍，第二组为 25%，第三组则为 26%。可见，健康平稳的情绪是身体健康的基础。

消极情绪越多的人，其各种身体疾病也会越多，因为他压抑的情绪会一直不断地攻击和伤害他的身体。

我们通常把压抑自我视为唯一不会攻击他人的情绪处理方式，但这样长期压抑自己的情绪，会导致身体很容易出现各种疾病。

我们常常感到身心疲惫、忧郁消沉，这必定是在此之前，我们把自己的生命力量更多地用在压抑自己的情绪上。我们会发现，即便自己没做什么消耗体能的事情，或者生活也没出现什么波折，身体仍然会感到疲惫，情绪也仍然会莫名地低落，这是我们总是不断地打压情绪导致的结果。

一个人如果经常处在愤怒、悲伤、恐惧、焦虑等情绪中，就会在内心积压过多的消极情绪。而这些日积月累的情绪在不知不觉中渗透到我们的身体里，通常会发展成与心血管系统、消化系统、泌尿生殖系统、呼吸系统、内分泌系统等相关的各种身体疾病。这些身体疾病往往就是内在情绪给我们的预警。因此，不要指望通过压抑的方式能解决我们的情绪。要积极地化解消极情绪，并改变导致自己压抑情绪的观念和习惯。

情绪和感受的形成过程

我们的身体感官，即耳、眼、鼻、舌、身、意同外界事物接触产生种种感觉，进而产生被我们诠释为好的、坏的或是不好不坏的感受。当耳朵接触到声音时，听觉便产生了；当眼睛接触到光线和颜色时，视觉便产生了；当鼻子接触到气息时，嗅觉便产生了；当舌头接触到味道时，味觉便产生了；当身体接触到外界事物时，也便自然产生了触觉。于是，大脑通过身体感官受到的种种刺激便产生了记忆和思想，于是意识也就产生了。这有点类似计算机程序的编程过程，所有身体感官产生的信息都会被存储在内心深处。

在社会价值观的驱使下，“自我”的概念形成了。为了巩固所谓的自我身份，我们不断地加强对于“我”的贪念和执着。我们把感官系统接收到的信息，以“好”“坏”“不好不坏”的标准分门别类。接下来，我们就全然带着自己的标准，去看待眼前的一切。

当眼睛看到的颜色或景象符合我们心中那个“好”的标准时，我们会想“多么赏心悦目啊”，于是愉快、舒服的感受就产生了。当眼睛看到的东西不符合我们所认为的“好”的标准时，“坏的”

感受，像讨厌、失落等情绪就出现了。其他的感官，如耳朵、鼻子、舌头、身体在与外界环境接触时，头脑也同样会做出“好”与“坏”或是“不好不坏”的分辨。

然而，这种被定义的所谓“好”与“坏”或是“不好不坏”的感受，并不是一成不变、持续存在的。一个原本被认为是“好”的东西，由于你当时的糟糕心情也会变得面目可憎；一个平时你极度厌恶的东西，由于你当时的好心情也会变得不再那么令人讨厌——情况往往就是这样。因为身体感官与外界接触所产生的感受，会随着环境、对象、时间以及你当下心境的不同而发生变化，这也是“无常”的法则。

情绪来自“当下”还是来自“过去”呢

他人攻击你，很多时候并不是因为他的品行道德有问题，而是因为他内在积累了过多的情绪，需要寻找一个发泄的对象。事实上，每一情绪的表现背后，都有一种对爱的召唤，一种渴望理解、支持和接纳的诉求。

如果你常常有一些非理性的过激举动或是烦恼的话，一定程度上说明你内在累积的消极情绪过多。也许你会说，总会有某些事情，或是某些人的言行让我感到不愉快。如果这种不愉快是持续存在的，通常来说，这不愉快情绪就是你过去所积累情绪的投射。也就是说，我们把过去积压的情绪发泄到了当下的场景中。

一般单纯由某种事情造成的情绪，最多会持续 10 秒钟左右，然后就会自动消失。否则，这就说明这种情绪很可能是过去积累下来的。你可以用这个方法审视一下自己，当下的情绪是来自事件本身还是来自过去的积累。

有时候，我们需要懂得识别自己的情绪。当我们觉得情绪糟糕的时候，可以去审视一下自己，究竟是什么事、什么人，让自己如此不愉快？为什么自己常常陷入不愉快的情绪中？不管它是愤怒、焦虑、紧张还是其他情绪，我们都要正确地去化解它。否则，到了忍无可忍的时候，我们会把情绪转嫁到无辜的人身上。

我们必须对自己的情绪负责，尤其是不要让家人或朋友成为自己情绪的出气筒，这不仅会伤害我们身边的人，也会给我们的内心带来愧疚和罪恶感。因此，为了我们心灵的真正安宁，我们需要学习了解自己的内心，正确认识自己的情绪，将正能量传播给身边的人。

如何营造好心情

保持无常心态，烦恼不复存在

拿我们的身体来说，看上去我们当下的身体是不变的，但事实上，我们体内的细胞组织每分每秒都在衰败和生长，这就是生老病死的无常。

我们的情绪也是一样的，你体验过某种消极情绪从过去到现在时时刻刻都持续存在吗？充其量，它也只是时而或至多是反复出现罢了，因为我们没有从内心深处化解它。如果一种消极情绪出现时，我们不去阻抗纠缠，而是允许自己接纳它，那么再不堪忍受的情绪也会自然转化的。

身体感官与外界接触时所产生的“好”与“坏”或是“不好不坏”的感受，都会被依据过去的经验分门别类，于是喜怒哀乐等情绪就产生了。我们的心总是试图向外界寻求愉快的、美好的感受，来满足内心的需要，因为我们喜欢自己区分出来的“好”，而讨厌与之相反的“坏”。然而，在不断向外界的寻求中，我们发现好与坏、喜与哀、愉快和痛苦等情绪是并存的。我们获得的愉快越多，我们就会进而发现，与之相反的不愉快也在水涨船高。就像贪婪的欲望，总是让我们看到自己和别人相比还有许多地方不够好，于是不愉快的情绪便产生了。

为什么会这样？

也许你会问，难道追求满足不对吗？不，这没有什么不对的。但如果过度的话，就容易丢失自我，掉进执着的陷阱中，最后伤害到自己。

很多人都听过这样一个老掉牙的笑话：一名男子正在路上

走，看见了一名漂亮的女子，于是目光不由自主地被吸引到该女子身上，忽略了眼前的路，结果整个人掉进了路边的水沟中。听上去，这个笑话已经没什么新意了，但事实是，我们对各种快乐的追逐不正像这个笑话吗？我们总是不停地去追逐所谓的幸福，执着于愉快的感受，期待它会一直持续下去，结果却掉入了烦恼的陷阱中。

这并不是说我们应该做一个没有情感、没有追求或是好坏不分的人。我们可以去追逐自己认为的幸福。当我们接触或获得美好的事物时，我们可以欣然地去享受这份愉快的感受，但是我们要明白，这份愉快并不是永恒的。随着条件的变化，它也会慢慢消失。如果我们能带着一颗无常的心态去接受，想想看，我们的烦恼还会持续多久呢？

我们喜欢愉悦的好感受，讨厌与之相反的坏感受，对于不好不坏的感受则置若罔闻。当愉悦的感受消失时，一种“失去”的新感受便产生了，这就是我们“讨厌”的坏情绪。

如果我们不能接受这种无常的自然现象，那么悲伤、痛苦的感受就自然被我们制造出来了。

当我们又接触或获得了一个新的、美好的事物时，或者是久违的幸福失而复得时，我们欢欣雀跃；但接着这些事物又会随着时间的推移，慢慢消失于无常中，于是痛苦、伤感的情绪又出现了。喜怒哀乐的情绪就是这样在我们的生命中反复上演。

我们执着于自己所谓的好，希望它会一直保持不变，然而我们忽略了世间一切现象都是流动变化的，都是无常的。

有什么样的观念，就会有什么样的情绪

在生活中，我们都是依据自身的感受行事，进而诠释眼前的世界的。当心情好的时候，我们感到周围的一切都是那么令人舒服，做什么都得心应手。对此，我们通常认为，这些好的感觉都是由外在环境带来的。当心情差的时候，一切又都变得乱七八糟，仿佛所有事物都在和自己作对，于是我们又会把这种糟糕的心情，视为由外部环境造成的。

我们就是这样，依据自己的感受看待眼前的一切，并且还把它视为真的。然而，我们往往并不清楚，“事物或现象”给我们带来的感受不是它本身具有的意义，而是我们过去经验的投射。

例如，也许提到棺材，你会觉得很晦气，害怕和紧张等复杂的情绪会一下子被撩起来。没错，在传统文化下成长起来的中国人，对“棺材”二字都会有相同的感受。

为什么棺材会让你害怕？我想很少有人会去思考这个一听就感觉晦气的、让人害怕的问题。当我们就这个问题展开讨论的时候，你也许会说：“棺材是用来装死人的，所以我会害怕。”但奇

怪的是，我一个大活人，怎么会害怕死人呢？俗话说“人死如灯灭”，死人会对活人有什么伤害呢？假如说害怕的话，那应该是活人才可怕，因为活人才会有所作为。

接着你也许又会说：“因为想到自己会死，所以就会感到害怕。”的确如此，也就是说棺材让你联想到了自己会死，所以你会害怕，这是一种原因。但还有一种原因，那就是死人会让你联想到鬼魂，所以你会感到害怕。尽管在理性层面上，我们不相信这个世上有鬼，但是在潜意识里，却一直有这种阴影。我们多少都听过一些鬼怪灵异故事。设想一下，如果在我们的成长过程中，我们身边的长者或是影视媒体给我们讲述的“鬼”，像天使一样美丽、可敬、慈爱的话，我们又会有什么样的感受呢？

我们不会对衣柜感到害怕，却会对棺材感到害怕。从本质上来说，衣柜和棺材的本质是相同的，都是木料加工而成的木盒子，只因使用方式不同，就导致我们拥有了不同的感受。

一个三四岁的小孩子，即便把他放在棺材旁边，他也不会害怕，也许他还会玩得很开心。长大以后，他懂得了害怕，便会对棺材产生晦气的感受。

我们需要了解，我们对事物的一切感受并非事物本身具有的意义，而是我们内在的观念。就拿棺材来说，导致我们恐惧、害怕的并不是这个木头箱子本身的意义。与其说棺材让我们感到害怕，不如说是我们所学到的对这个木头箱子的观念，让我们感到害怕。确切来讲，恐惧、害怕、烦恼等情绪都是我们学来的，其他让我们感到幸福、愉快等的情绪也一样，都只是我们内在的观念、看法导致的。

情绪来自我们的看法

任何人、事件及现象本身不会真正伤害到我们，真正伤害到我们的是这些状况背后、我们所解读的那个意义。

假设有一天早晨，你正在办公室里认真专注地工作着，这时你的领导走过来，把你莫名其妙地批评了一顿，甚至还威胁恐吓你。他在对你胡乱指责一通之后就拂袖而去了，你会有什么反应呢？你一定会非常愤怒，恨不得骂他祖宗十八代。在随后的一整天里，你可能都会陷在这股情绪中无法释怀。另一方面，你可能又会因自己没胆量反击对方而自责。究其根本，是你无法接受自己被伤害这个自我内化的事实。

从情绪的特性来说，如果某种情绪没有被及时合理地处理掉，它不会随着时间的推移而褪去，时间只会把它掩藏起来。当我们在生活中遭遇类似或有所关联的情景时，掩藏的情绪就会像一瓶被晃动的汽水，瓶盖被拧开的刹那，气体就会跟着饮料喷涌而出。之所以如此，并不是因为瓶盖被打开了这件事情，而是那个被晃动的汽水本身含有碳酸成分。正如生活中令我们产生不愉快情绪的并不是那个外在的事物，而是我们早已被划伤的心灵。

你莫名其妙地被领导痛批一顿之后，隔天早晨，你发现你的同事 A 君也无缘无故地遭到了这个领导的痛批。对此，你心中的怒火可能会被再次掀起。你也许会认为这个人简直就像只疯狗，到处咬人。你甚至恨不得揍他一顿，以泄你心头之恨。但没过几天，你得知你所痛恨的这个领导正是在那两天离婚了，而且孩子还被判给了另一方。

试想一下，当你了解到这个情况后，你又会是什么感受呢？我想你的愤怒情绪会一下子就消散很多。或许你还会存在一点情绪，但我想这已完全不会影响到你了，你甚至还会升起同情之心。因此，你更不会再像之前一样，想着有朝一日如何去报复对方，因为你知道他的行为背后的动机并不是针对你，而只是针对他那时内心无法宣泄的情绪而已，所以你不会再耿耿于怀。

一个有精神疾病的人对我们出言不逊，我们会宽恕他，因为他是没有清醒理智的。如果一个表面上正常的人对我们这样，我们可能会感到愤愤不平。事实上，只有被情绪控制的人，才会有这种不清醒、不理智的行为。这种行为本身又何尝不是一种非健康或者说一种病态的行为呢？

我们会反复提到“看待问题的方式”，这并不是让我们凡事都要去宽恕、去容忍，只是给我们提供了一个机会，重新选择看待问题的方式，并且可以从更客观的角度去看问题。

如果现实状况令我们悲伤绝望，并且已经严重阻碍了我们生命的进程，那我们为什么还要死守着令自己感到痛苦的看法和感受呢？要知道，我们的看法和感受也仅仅是由过去的世俗经验所构建的而已。

因此，我们可以选择一种新的角度去看待事物。只要是有助于我们内心平静的、具有建设性的，那就是真实的。除此之外，一切都是习惯性思维导致的扭曲观念。也许我们不能改变外界环境和已经发生的事情，但是可以改变它们对我们的影响。

重新调整期待

如果一种情绪已经影响了我们的正常生活，甚至是影响了我们的身体健康，那我们就一定要改变自己的某种期待。

我们不能和自己的身心去斗，这只会把自己搞得更糟糕。事实上，我们的身心一直以来都在竭尽所能地为我们工作。然而，当身体或心理出现状况时，很可能是我们的某种期待超过了自己能承受的程度。所以不管我们多么懂得控制，或者是意志力多么强大，当出现问题时，我们就必须有所改变。

我们可以有任何期待，并且也可以去实现它，但如果这个过程让我们感到痛苦，自己的健康也出现了问题，那还要继续坚持原来的那种期待吗？期待的背后不外乎是为了获得更大的心理满足和快乐，但如果在这个过程中，你首先透支了当下所拥有的喜悦和健康，即便最后你实现了那个期待，那么你的满足和喜悦又是什么？

重新调整期待不代表去做一个失败者，或是意志不够坚强，只是我们要学会遵从自然的规律。想象一下，原来的期待没有达成的话，又会怎样呢？我们会变成另一个样子吗？无法正常生活了吗？还是会死呢？都不会。这都只是我们的一种扭曲的想法。事实上，如果一种期待给我们带来诸多困扰的话，一定说明这个期待是有问题的。如果继续坚持这种期待的话，我们就会很辛苦。

我们的期待会映射到生活的各个层面。在各种关系中，如果我们对某个人有不切实际的期待，会对他造成很大的压力和束缚。即便是自己的爱人或孩子，对这些最亲的人，也不能把自己的期待强加于他们。要知道这是在压迫别人，就像别人在期待你要怎么样的时候，你会有被压迫的感受。

不要以为别人没有满足你的期待，就是不尊重你或是不关心你的表现。如果别人一味地满足你的期待，也许你暂时会获得满足，但是给对方带来的一定是自我的压抑，这是一种不平等的待遇。“尊重”和“关心”的背后，往往伴随着一种焦虑、紧张的情绪。你自己曾经多少次委曲求全地满足别人，因而深感痛苦，如今却又要把这种模式复制到他人身上，难道这就是你想要的所谓“尊重”吗？让别人违背自己的意愿来满足我们的期待是一种控制，而控制终将导致对方和我们自己陷入焦虑中。

我们必须要懂得如何调整自己的期待，我们可以放下，可以调低，也可以转变。无论如何我们都要明白：我负责我的期待，我的期待只是我的，别人没有义务和责任一定要满足我的期待。我期待他这样，这个是我对他的期待，他不一定跟我一样有这样的期待。我希望我的孩子做公务员，我希望我的爱人做这做那，我希望他或她怎么样，这些都是我对他人的期待。我们有权坚持自己的期待，但同样他人也有权贯彻自己的期待。

我们要明白，不是说我们为对方做了些什么，对方就一定有责任来满足我们的期待。你可以表达你的关心，但你的关心不应成为对方满足你期待的必要条件，不应让对方把满足你的期待当作对你的回报。

别人可以有自己的期待，而我的期待是属于我自己的。如果一个人的期待不是他自己的，那么他也可以期待任何人来满足他。如果是这样，是不是我就一定要满足他呢？假如很多人都对我有期待，而我也必须满足他们所有人，难以想象，那样的我们会是什么样子。

我们要对自己的期待负责，他人是没有义务和责任一定要满足我们的期待的。

另一方面，即使是自己对自己的期待，如果这种期待超过了自身的负荷，或给自己带来了很大的情绪，那这种期待就是有问题的，也需要重新规划。要知道，能够给自己带来心安与和谐的期待才是健康的。

盲目地追随他人，压抑了自己的本性

从事心理咨询多年，许多来访者总是极力想把自己打造成所谓完美的人物形象，在性格、身材、长相、工作等方面，他们对自己总是有太多的不满意。他们总是以一种固定的标准来评价自己，要求自己。

在我的咨询个案中，有一位女学员认为自己性情率直、话多、大大咧咧，她觉得这些都是非常不好的性格表现，会被别人认为没有心机、太傻。她感到很痛苦，极力想要改变这一切，于是给自己树立了改变的目标，她希望自己能有杨澜的干练、毕淑敏的亲和、林志玲的女人味……她认为，拥有这一切才是完美的——这个目标现实吗？

事实上，她所认为的这些完美形象，也只不过是仁者见仁，智者见智罢了。咨询的最后，她并没有成为她眼中的所谓“完美形象”，而是做回了“自己”，那时她才真正感受到了发自内心的

自由与快乐。

在生活中，坚持这种完美心态的人普遍存在，这仿佛已是人们的一种心理通病。从我们的祖父辈到父母再到身边的人，甚至整个社会文化都在宣扬这样一种盲目崇拜的思想。我们宁愿压抑自己的特质和梦想，也要努力地追求所谓的“好”“对”“完美”“首善”，仿佛人就应该是这个样子。我们认为符合了社会潮流，才是对的和好的，否则就是错的和不好的。

我们不光是以片面的、非黑即白的观念去看待自己，而且还以同样的方式看待别人，要求别人。而对于现在的自己，我们从不欣赏，甚至是完全不接纳。

“从众心理”更是让我们成为随风倒的“墙头草”。就拿去超市购物来说吧，本来我们只是想买自己所需要的东西，当看到某样东西被众多人围观购买或正在优惠促销时，我们就情不自禁地跟风去买，然而买回来的东西真是我们所需要的吗？有时候，在这种心理的驱动下，我们该买的东西没买，不该买的东西却买了一大堆。

我们再来看看一些常见的心理现象，一个非常有音乐天赋的孩子，就因为父母认为学音乐出人头地的机会太少，而被埋没了潜质。一个对女性服装具有独特研究的男性，就因为身边人总说这个行业不是男人该干的，而被迫放弃了自己的设计师梦想。只要我们稍微细心去观察一下，就会发现生活的每个角落都在发生类似的事情，扭曲的人生观完全压抑了我们的本性。

在工作中、在穿着上、在生活的各个方面，甚至言行举止上，我们都在追随他人，而自己却在很大程度上被压抑了。

一旦一种行为表现遭到了否定，我们会开始追寻新的目标，再次改变自己。很多时候我们就是这样盲目地追随他人，盲目攀比，完全活在别人的影子里。而自己的生命本真、自己的梦想完全被压抑了，这样的人生还是自己的吗？

盲目地追随他人，压抑自己的本性，是不会获得真正的平静与喜悦的。

“自我”的形成

在天真稚嫩的孩提时代，身边的人就开始影响我们，什么是好，什么是坏，什么是该做的，什么是不该做的，听话懂事才会得到更多的爱……本来无忧无虑、充满好奇的我们，在成长过程中，心灵渐渐布满了父母的世界观的烙印。为了博取父母的爱，我们学会要努力进步，要迎合父母的心意，这样才是好孩子，才会被接受，才能得到更多的爱。随着不断的成长，我们不但开始迎合父母，也开始迎合其他我们认为重要的人。

在孩子的眼中，世界本来是没有任何禁令和危险的，只要父母不阻止，我们就会在马路上玩耍，在泥巴地里嬉闹。但是父母的教育，使我们学会了判断自己和他人行为的标准。我们“懂得”了谩骂、殴打和拒绝他人是不好的；我们“懂得”了表达愿望、要求别人是自私的……从父母那里我们学到了太多的标准和准则。

如果我们没有遵守这些准则或者没有达到这些标准，我们就会受到指责、拒绝、训斥，甚至是打骂。

很多父母常常对孩子这样说：“如果你做了这样的事，你就是一个坏孩子，爸爸妈妈就不喜欢你了。”也有许多父母会用类似这样的表达方式来教育孩子：“爸爸（妈妈）是爱你的，但是如果你……我就……”就这样，我们幼小的心灵在无形中被灌输了一种观念，那就是：你所获得的爱，是有条件的。这让我们相信：“如果我做了别人认为是不好的事情，那我就成坏人了，我必须为此而感到自责和羞耻。要想让别人喜欢我，我必须做让别人满意开心的事。”

成长中，父母教给我们很多观念。其中有很多观念对我们来说是有益的，如“过马路，左右看”“不要偷东西”等。还有许多其他观念，如“不要和陌生人说话”“不要相信陌生人”“男人要坚强”“女人要文静”“社会是现实残酷的，是弱肉强食的”“求人不如求己”——这些观念对于已经成年的我们，还是“有益”的吗？这两种观念在父母的强化下，已经在我们的心灵里留下了深刻的烙印，内化为“理所当然”的思想信念。所谓的“自我”也就这样被塑造出来。

受这些观念的影响，我们现在会是什么样的人呢？也许人际关系不好，常感到被孤立；也许情感压抑，经常出现莫名的抑郁或是变得暴躁不安；也许悲观厌世，对周遭环境感到厌恶或恐慌；也许……

对于男人来说，“男人”只是一个生物上的性别分类，本身并没有特别的意义。但如果小时候常被灌输“男人要坚强，要顶天立地，有泪不轻弹”等观念，很可能成年后的你就会成为一个过分压抑情绪、不懂得表达情感的人。

对于女人来说，“女人”也只是一个生物上的性别分类，同样没有特别的意义。但如果在小时候常被灌输“女孩要文静，少说话，不要乱跑”等观念，有可能成年后的你就成了一个性格内向、不爱说话、不喜欢运动的人。也许你具备一个优秀运动员的特质，你可能也很喜欢某项运动，但是潜意识里仿佛总会有一个声音提醒你：“这不属于你，女孩子不该有这种喜好，还是乖乖守好你的本分吧。”

我们习惯了去察言观色，习惯了去感觉、去想别人对我们的评价和看法。一旦有人对我们不认同或是批评我们，我们就会感到焦虑不安，因为这让我们感到“自己不够好”。为了获得别人的认可，我们不惜违背自己的心意，像个小旗手一样迎来迎去。尽管有时让他人满意了，但那是违背自己心意的结果，付出了失去心灵自由的代价。更糟糕的是，每一次这样做都是对“自我压抑”和“自己不够好”的强化。如果我们懂得爱自己，接纳自己，我们便不会为了获得社会的认同或他人的接受而曲意逢迎。

这种模式代代传承，待到我们为人父母时，我们又不自觉地把自己的价值观复制给孩子。家族模式的这种代代传承，造成了我们和父母相似的性格，于是我们对自己的“性格”得出了这种结论：“噢，没有办法，这是遗传。”

尽管我们有多么不喜欢自己的性格，但是“江山易改，本性难移”的观念在心里早已根深蒂固，让我们力不从心。看看生活中我们是多么不接纳自己，我们经常抱怨、自责、批评、攻击、焦虑、仇恨……似乎不这样的话，我们将不再是我们了。当然这并不是我们的错，因为在我们的成长轨迹里，没有学习过如何接纳自己、爱自己，这一点，了解一下我们父母的成长模式就知道了。

精神分析学派鼻祖弗洛伊德通过大量临床病例指出：儿童时期的成长经验是一个人性格形成的关键。

美国的心理学家们做过一个非常有趣的实验，对刚出生的两只猴子分别用不同的方式进行喂养，第一只是用棉花做的母猴给它喂奶，而另一只是用钢丝做的母猴给它喂奶。结果发现，棉花做的母猴喂养的猴子性情温和、友善，而钢丝做的母猴喂养的猴子性情暴躁不安，具有很强的攻击性。心理学家们从一系列类似这样的实验中，得出结论：从出生到童年，这期间与父母的互动关系，对一个人的性格特征有直接性的影响。

很多人会认定性格是天生的，是父母遗传给我们的，且是无法改变的。坚持这种观念的人，其实大部分都是无法主宰自己的人。

科学研究多次验证，性格的形成和发展是遗传因素和环境因素相互作用的结果。遗传因素仅仅提供了性格发展的可能性和方向，而环境因素（如家庭、社会、学校等因素）是将遗传因素对性格的发展存在的可能性塑造为现实。简单来说，环境因素才是性格形成的直接塑造者。

环境因素包括家庭结构、家庭经济状况、父母性格特征及社会关系、学校教育、社会文化、民族风俗、道德价值体系等。这些因素都会对人的性格特征、价值观构成直接影响，其中家庭教育是最主要的环境因素。我们刚出生时，心灵完全是一张白纸，而父母就像是这张白纸的描绘者。在我们的心中，父母是绝对的权威，也是自己绝对的信任对象。父母在这张白纸上写什么，我们的性格就会是什么样的。

从父母那里，我们学到了什么是好、什么是坏、什么是对、什么是错、什么是善、什么是恶、什么是美、什么是丑……父母说那是黑色，我们就会认为是黑色。甚至父母欺骗我们说碗是桶的话，我们也会毫不怀疑。在我们的成长中，父母把他们的心灵地图，如信念、价值观、道德观、喜怒哀乐等情绪，逐渐地绘制在我们这张白纸上。于是我们学会了依照这张绘制好的地图，去认知人生、社会及事物。

现在的“自我”，有哪一点不是过去经验和观念的累积呢？然而，只要我们愿意，任何限制我们的部分，我们都可以改变。我们只要持续坚定地去认同正面、和谐的新思想，我们的潜意识自会帮助我们完成剩下的工作。

我们的镜中人生

眼前的世界就是我们内心的一面镜子，我们以为自己看到、感受到的就是真实的，然而，我们不知道这些都是来自我们的内心投射，我们看到的都是自己内在的剧情。可以说你眼前的世界仅仅是你内在世界的一个缩影而已，整个世界的样子都是我们自己创造出来的。我们身边的环境就像我们眼前的镜子，一切都是我们的“倒影”而已。

这听起来好像很荒唐，但却是事实。我们的思想就像一个回旋镖，在高空划过之后，总是会返回投掷者手中。你给出的是爱，就会收回爱；你给出的是友善，就会收回友善。反之，像攻击、恐惧、不安等，都是我们自己的所思所想，反射出我们当下的人生。我们生命中所有的喜乐和痛苦，都是我们内在的思想造成的。

你现在的人生状况是怎样的？

是贫穷、失业、恐惧、怨恨、抑郁还是孤独？我们也许还能列举很多，但这一切绝不是上天对我们的惩罚，完全是我们自己造成的。检查一下你内心的思想，这就是“给”与“收”的关系，你给出的是什么，最终都会返回到你自身。事实上，在你给出的那一刻，你的内心同时就已经收到了。

不管我们如何解释眼前的世界，这都只是表达了一种看法，而与这个世界的存在本身无关。我们可以坚持用原有的眼光来看待事情，但只要你愿意，也可以选择以另一种眼光重新看待它；这样，对你而言，当前的境遇将会出现新的色彩。如果你固执己见，不肯放弃旧有的看法，你就会被自己的看法所左右，不能自拔——这一切都取决于你的选择。

很多时候，不要被感受所欺骗，它也仅仅是我们所持看法的一个产物而已。我们每个人都仿佛是戴着一副有色眼镜看着外面的世界，所看到的其实都是我们眼镜片的颜色！

在“禅机佛理”中有一则非常经典的故事：

一天，苏东坡到金山寺去和佛印禅师打坐参禅，深感身心通畅，于是就问佛印禅师道："禅师，你看我像什么？"禅师眼皮也没抬一下就说道："好庄严，像一尊佛！"苏东坡听了非常高兴。佛印禅师接着问苏东坡道："学士！你看我坐的姿势怎么样？"苏东坡从来不放过嘲弄佛印禅师的机会，马上回答："像一堆牛粪！"佛印禅师听了仿佛也很高兴。

看到禅师被自己比喻为牛粪，竟然无以为答，苏东坡得意极了。消息传到了他妹妹苏小妹的耳朵里，妹妹就问道："哥哥，你究竟是怎么赢禅师的？"苏东坡如实述说了一遍。

苏小妹天资超人，她听了苏东坡得意的叙述后，正色说："哥哥，你输了！禅师的心中有佛，所以他看你如佛，而你心中有牛粪，所以看禅师才像牛粪！"

这就是禅机所指的"镜中人生"的道理，我们所看到的都是内在世界的投射。

如果我们常常保持觉知，知道自己当下的心态和状况，知道当下这个时刻原本的情绪感受和客观的情况，而不是预先或事后"知道"，这就意味着，我们不是活在看法里，而是活在当下的事实里。因此，每一刻我们都是自由的，而不是受困于本身无意义的看法里。

在生命的进展中，我们总以为自己看到了什么，事实上，无论我们看到的是什么，都只不过是头脑里过去概念和经验的累积。每一刻我们都在不自主地凭过去的经验好坏来判断“当前”。确切地说，我们当下的感受和想法，都是过去的轮转，过去支配着现在和未来，我们很少活在当下。

当我们凭借过去的经验来诠释当下的事实时，当下的真实就已经丢失了，因为我们所看到的完全是过去经验的加工。我们过去的经验、概念是什么样的，我们就会看到什么样的世界。

不管你看到的是对的还是错的、美的还是丑的、敌意的还是友善的，都是一种经验的划分。你的分辨仅仅是为了维护头脑关于“自我”的虚幻满足而已。从自然存在的层面来说，这一切都与事实无关，因为事实本身没有好坏，更没有意义。现实存在的意义不过是我们选择的一种思想所赋予的。既然如此，我们为什么不选择以正面和建设性的思想去重新看它呢？

如果你无法从新的角度去看待眼前的事情，也没有关系，不要强迫自己，你仍然能做到不去选择，不去判断，放下头脑中的一切思考。你只需要保持觉察，持续去觉察你的起心动念及所思所感，慢慢地，圆满的生命之爱就会呈现给你答案。

透过别人，我们看到了自己

我们必须对自己的平安负责，因为我们所有的感受和想法都出自自己的内心世界。外在的人或现象似乎影响了我们的喜乐忧愁，倘若你坚持认为他人或外在环境是造成你内心混乱的原因，那么今天请你重新梳理一下自己的信念，这将意味着你完全有能力改变你的生命现状。当然，你可以继续坚持过去的看法，这是你的自由，但如果不对你现在的心态有所调整的话，你便不可能感到好过一点，你还要坚持吗？

对自己的平安负责，这并不是一个虚幻的概念，而是世间的真相。它让我们看到，我们内心的混乱都只不过是我们自己的心灵所呈现出来的假象。

在我们的成长中，我们的父母、身边的人还有这个社会都在反复地告诉我们：我们“要的”在外边。爱、认同、荣誉、价值不是从天上掉下来的，是要靠努力和奋斗去争取的。很少有人告诉我们：这些东西其实就在我们的内在，而且是与生俱来的。从你降生的那一刻起它们就在，不会因你身体残缺或是做错了什么而有所缺失。

然而不幸的是，我们与生俱来的这种本性在成长中被世俗颠倒了，我们学到的是向外寻求满足，也习惯性地将自己的问题归咎于他人。我们不断地向外界寻求爱和宽恕，但最终我们都遭受到失望的打击，因为我们不知道，我们真正想要的不在外面，而是在我们的内在。

我们本来就是圆满的人，本不需要依靠他人对我们的看法来生活，也不需要依靠他人的喜欢、给予或公平对待，才能得到自信和快乐。你不必为自己没有获得他人的认可而懊悔，也不必刻意为了迎合他人而委屈或是压抑自己，当然你更不必为别人没有认同你而生气。事实上，你无法让身边的人都满意、都喜欢你，因为每个人的内心经验都是不同的。确切地说，他人的内心经验决定了你在他心中的形象，你本人是没有任何问题的，别人喜不喜欢你与你好不好，没有一点关系。同样，你如果因他人对你的否定或批判而感到愤怒，这也是由你内心的经验所产生的，和对方没有关系。

唯一的关系，就是你和自己的关系。你如此，别人也如此。你对自己的看法常常决定了他人对你的看法。

外在环境仿佛就是我们面前的一面镜子。如果你讨厌某个人，就可能会找到这个人的很多缺点，你也许会说这个人自私、傲慢、虚伪或者丑陋。但是你知道吗？如果让一百个人对这个人做出评价，就会有一百个不同的答案。你能说你的感受才是唯一的真实，而他人的感受都是错觉吗？事实上，你知道这个道理，但你不愿轻易改变。不过有一点你也许不清楚，你讨厌这个人，与这个人本身无关，而是与你内心的感受和经验有关，而他只不过是勾出了你所讨厌的那个经验而已。

可能很久以前，这种经验就已经种在你的心中，只不过这个人就像镜子一样照出了你的感受。而你对这个人的感受，完全是你内在的投射。这一点也许令你很难接受：我讨厌某人或是认为他不够好，竟然是因为我内在有那个不够好的“我”。同样，我喜欢某个人也是一样的内心投射过程。

从人的内心来说，你对人和外在环境的看法及感受都是内心世界的投射过程。无论是讨厌喜欢，是悲伤喜悦，还是自责、焦虑、愤怒、恐惧……所有的内心感受，无一例外都是你内心经验的呈现。你如此，别人也如此。

这好像很不可思议，但这绝不是为了证明你是一个不好的人，让你以此来责备或是惩罚自己，而是要让你看到这个真相。当你看到这个真相时，你内心宽恕的大门便已敞开，所有的纠结与痛苦便会慢慢消融，而“爱”自然就会由内而发，你的内心会慢慢安定下来。

我们为什么会在意别人的评价和看法？因为我们害怕自己会是一个不够好、没有价值的人。这对我们来说，意味着我们会失去爱，会孤独，这是根本的真相。不幸的是，很少有人告诉我们：爱不在外面，它就在我们的内在。我们学到的是先向外看，再来反观自己，借由他人的看法和评价来衡量自己的好坏。

似乎别人看不起我或是不认同我，我就是一个不够好的人，一个失败的人。这令我们无法接受。于是，为了获得别人的认同和喜爱，我们不惜放下自己的意愿，像橡皮泥一样，被捏来捏去。我们不断改变自己的形状去迎合别人，可收获的却是怀疑、自责、恐惧和不安。在这个过程中，橡皮泥不断地失去水分，直到完全干燥、僵硬。可是，最后还是会有不喜欢我们的人。因此，在这个当下，请停止一切压迫自己、迎合他人的行为，因为你早已是圆满的存在，无须任何人评价与衡量。

对自己的情绪负责

对于我们生命中出现的问题，我们不能去怪罪他人，而是要自己承担起责任。一切问题最终都要由我们自己来解决，别人不是为了对你我的生命负责而活。所以，我们不要再把精力浪费在改变外在的人或环境上，那只会不断地把我们的生命推向烦恼的深渊。

对自己的情绪负责，意味着我们首先要从接纳自己当下的状况开始，这也是我们爱自己的基本前提。不管外在境况怎样，要明白，一切都只不过是我们内心世界的一种投射罢了。如果我们不能接纳当下的状况，烦恼就会接连不断，要知道抗拒永远无法让我们内心获得安宁。我们所抗拒的仍然是外在的人或环境，这只是在重复过去的模式，无法让我们获得成长。

不要以为接纳自己当下的状况就是安于现状，就是让我们不思进取或是坐吃山空。事实上，当你开始用心去接纳自己的时候，改变已经发生。就在那个当下，你的心开始恢复安宁，而其他部分的改变也自然会在机缘成熟时发生。对于当下而言，我们首先要学习的就是接纳，接纳当下的状况，不管是好还是坏，一律平等地接受。

悲伤时，你就接受这种悲伤，不去抗拒它。恐惧时，你也要接受这种恐惧，不去抗拒它。所有让你感到不安的情绪不要差别对待，就是纯粹地接受它，不抗拒。如此一来，所有的不愉快自然会在无常法则中慢慢消散，取而代之的就是和谐与安宁，就像乌云尽管有时会遮住太阳，但终将会被阳光驱散，之后就是万里晴空。

我们需要放下一些不必要的“应该这样”“必须那样”的想法或者劝诫，只关注当下的状态就足够了。人的生命本是自由、无所局限的，但这一切都只是从当下开始。不要总是觉得生命还有所欠缺或是不圆满，事实上，我们内心的圆满与和谐是从不会附加任何条件的。真正让我们感到欠缺或是不圆满的是我们的思想，是我们过去形成的旧思想在迷惑我们而已。而这种思想本身也只不过是我们所选择的一种看待问题的方式。我们不清楚这种思想背后掩藏的，其实就是一种恐惧或者说贪求。

不管我们如何折腾，需要进一步看到的是，在恐惧或贪求的背后，是要寻求更多的“爱”。我们一直认为爱在外部，是有条件的；但事实是，它一直就在我们的内心，取之不尽，用之不竭，并且完全是无条件的。

正是因为我们内在有爱，所以我们才会拼尽脑汁去寻求，只不过我们找错了方向，把爱投射到了外在条件上——这话听上去有点奇怪，但道理很简单：如果我们内在没有爱的话，我们如何知道什么才是爱呢？又为什么会想方设法去改变外部的人或环境，来满足自己被爱的欲望呢？这一切只因我们内在早已存在那份爱，只是我们把本来就具有的爱打上了种种包装罢了。

我们需要看清这个真相：所有恐惧或贪求的背后都是一种对爱的诉求。当我们不断地带着这份觉知去体察自己的时候，我们便不再那么茫然失措。我们会发现，越是能看清恐惧或贪求，就越不受它们控制。

要清楚，我们无法通过改变世界、改变他人来满足自己，这个世界不只有我，也有他，还有无数的“他”。如果每个人都这样去想、这样去做，整个世界将一片混乱。每个人的责任不是为他人而活，别人没有义务和责任来满足你的期待。即便是你的至亲爱人也不应为你负责。你如此，别人也如此。

我们无法通过改变世界和他人来满足我们自己，我们只能改变对世界、对他人，甚至是对自己的看法。我们可以选择以爱的眼光来代替恐惧的眼光，重新去感知这个世界。这不是在颠倒是非黑白，也不是在自欺欺人，而是以真相、大爱、客观的方式去观看。

也许你无法完全做到用爱的眼光看待一切，没有关系，这毕竟是我们一生的功课。只要我们有这样的愿望，并尽力去做，我们就会发现生命在不断地绽放精彩。

生活中，也许你还是会常常焦虑、抑郁、恐惧、愤怒或仇恨，要知道，不管是哪种糟糕的情绪，都是来自我们过去内心经验的诠释。能够真正处理这些情绪的办法，不是逃避，不是压抑，不是自责，更不是讨伐别人，而是“接受”自己当下的情绪，这就是对自己负责的表现。

第2章

随时随地恢复平静的情绪平衡法

情绪平衡法简介

每当某种情景引发某种消极情绪时，我们便会不由自主地受到情绪的控制。这时我们无法保持平静的心态，也不再是当下那个真实的自己，而会成为一个被引发的情绪木偶。

我们如何解释当下的情绪呢？是愤怒、恐惧、焦虑、失望、嫉妒、自卑，还是抱怨？情绪就只是情绪，要知道它并不代表你。

有时，也许你身陷交通拥堵；有时，也许你在超市排队结账，后面一个人抢在了你前面；有时，你的爱人或孩子因为某件事跟你唱反调；有时，单位里的领导或同事不支持你……你还会想到其他种种状况。总之，你可能会有很多理由，来解释你当下的消极情绪。但你的"有感而发"，只会让你处在消极情绪的笼罩中，使你无法去正面客观地认识事物。

你急于处理当下的糟糕情绪，要么是想方设法讨伐对方，要么是自己强忍着把情绪压了下去。但这两种方式，最后都会转变成一种“自我伤害”。因为这两种方式都会在我们心中种下愤怒的种子，助长我们心中的嗔恨之心。只有改变这种模式，我们才能真正获得心灵的安宁与自由。

任何一种消极情绪，其实都是一种自我保护，我们需要坦然地面对它，而不是压抑或逃避它。同时，我们更需要收回向外攻击的长矛，因为一定有更好的方法来化解消极情绪。运用情绪平衡法，我们就可以既不压抑自己，也无须向外攻击，便有效化解自己当下的情绪，使心情恢复平静。我们只要“看到”自己的情绪，允许并接纳这个情绪，它自然就会消失，就是这么简单。

第一步：看到情绪

首先，要看到（意识到）自己的消极情绪。当我们觉察到自己有不愉快的情绪出现时，我们都要对此保持觉知。

如果是抑郁的情绪，我们就清醒地看到“我在抑郁”；如果是愤怒的情绪，我们就清醒地看到“我在发怒”；如果是恐惧的情绪，我们就清醒地看到“我有恐惧”……只是如此而已。要知道，这个情绪根本上是源于我们内在的投射，外界环境只不过是我们内在的一面镜子，它只是让我们看到了我们对自己的不认同。

认识到这一点，不是说要让我们把所有的罪过都归咎到自己身上，好让我们去容忍他人。倘若如此，那只会造成更大的压抑，无法让我们获得心灵的安宁。

也许有人会说，如果遇到罪恶的、不道德的事情发生，或者有人正在做伤害我的事情，我要容忍或是听之任之吗？不！这绝不是我们要学习的。任何一种会造成我们自我压抑的方法，都是有问题的。要么是这个方法本身有问题，要么就是我们的认识出现了偏差。

维护正义或正当防卫是合理正当的行为，我们不该对此有所怀疑。但是这里我们所探究的是，你的所为是不是真正有助于内心安宁的。我们对于自己的所想所为，不应执着于某种结果，而是要保持一颗“平常心”，一颗平衡、平稳的心。

第二步：允许消极情绪存在

消极情绪不是洪水猛兽，所以我们不要害怕它。正像你不会害怕你的愉快情绪一样，你也不要害怕恐惧、愤怒、烦躁等情绪。不管它是不是某种不愉快的情绪，它也都仅仅是你的一种情绪罢了。所谓的好情绪与坏情绪本质上都是一样的，并无差别，一切都源于我们内心的区分。

第三步：不抗拒并接受情绪

“不抗拒”和“接受”是更进一步的“允许”。这不仅仅是允许当下情绪的出现，而是带着对情绪本质的认识，允许任何情绪在任何时候出现。

情绪本质上并无好坏之分，从心理层面来说，它只是代表了内心的导引能量。当我们感觉愤怒、害怕或是烦躁、抑郁时，这股情绪就会引导我们做出某些冲动的行为。相反，当我们感受到舒服、满足等令人愉快的情绪时，就会被这股情绪引导去做些健康和积极的事情。事情或积极或消极的结果，往往也是我们受到情绪支配的结果。我们欣然接受“好”情绪引导的结果，而憎恨或抗拒“坏”情绪作用下的结果，这只是因为我们不懂得如何转化我们所谓的坏情绪。

事实上，我们所谓的坏情绪，可以说是我们内心的一种防御机制。它的出现，犹如十字路口的红灯警示，提醒我们要检查自己的认知或行为。从心理健康的本质来说，引起我们任何一种不愉快的消极情绪，都是改变的契机，它让我们看到了内在的情结，促使我们去化解。在生命不断的进展中，只要我们愿意和自己共处，愿意向自己的内在去观察，你就会渐渐发现自己的心越来越自由光明。

在这个纷繁多变的无常世界里，我们无法控制这个世界上所发生的事情。令我们情绪失控的因素，根本上说，来自我们的内心。不去抗拒那个情绪，不再设法消除它、改变它，而是去接受它，你会发现，改变从那一刻开始已经发生了。当我们的内心改变了，我们会发现眼前的世界也改变了。

第四步：释放情绪

小孩子在学走路的过程中，做父母的总是要先从引导扶持开始，尽管小孩子还是会摇摇晃晃，但这个过程是他学习的开始。在他不断地尝试后，我们可以放开手，让他遵循自身的规律去发展。最终，他就完全可以平稳行走甚至奔跑自如了。我们的情绪也是一样，它就像学习走路的小孩子，当我们了解了情绪的本质后，我们便可以正确引导并释放它，这个过程也要遵循情绪自身发展的规律。

小孩子在学走路的过程中，免不了磕磕碰碰，我们必须保持极大的耐心引导他、鼓励他，这样他就会越来越有信心和兴趣，很快就能平稳行走。如果我们训斥或是指责，只会让孩子变得恐惧和退缩，这将严重阻碍他学走路的进程——我们学习释放自己的情绪也需要这样一个过程。

情绪平衡法的具体操练

日常生活中当你感觉紧张的时候，常常会有人告诉你要“深呼吸”，情绪平衡法就是一个运用深呼吸来调节消极情绪的简单方法。

无论出现的是哪种消极情绪，是愤怒也好、悲伤也好、烦躁也好、恐惧紧张也好……首先，你不要刻意给当下的情绪贴上“不好”的标签。情绪就是情绪，本质上都没有分别。当你觉察到某种情绪出现时，你可以用这个呼吸调节的简单方法，来转化当下的情绪。

如果出现的是愤怒，我们可以在心里把这个“愤怒”用“你”来代替。比如，当你感觉到愤怒时，你可以在心里对你的愤怒说：“你来了。”

同样，如果是“恐惧”情绪的话，我们也把这个“恐惧”用“你”来代替。不管是紧张、焦虑、烦躁还是其他种种消极情绪，都用“你”来代替那个情绪。

当一种消极情绪出现时，我们便可以这样做：

吸气：我看到“你”的出现
呼气：我允许“你”的出现
吸气：我接受“你”的出现

呼气：我现在愿意释放“你”

当你吸气的时候，尽量慢慢地深深地吸气，直到你不能再吸气为止，同时在心里默念：“我看到‘你’的出现。”

然后吐气。最好是吸气后屏住一小会，然后尽量有力地缓缓地吐出，同时在心里默念：“我允许‘你’的出现。”如果想让自己更专注于呼吸所对应的句子，也可以闭上眼睛做。

余下的两个句子也是同理，吸气、呼气，默念对应的句子。

在运用这个方法的时候，你需要暂时离开当时的环境，找个安静的位置，一个无人的角落、楼梯间、卫生间都可以。如果是领导正在批评你，无法离开，你可以低下头，闭上眼睛，在心理上离开他。如果是正在和客户打电话，你可以暂时不去顾及他的咆哮，侧过头，把话筒拿远一点。如果是面对不听话的孩子，你也可以侧过身，暂时不面对他的脸……总之，要暂时离开引起情绪的环境，即使是闭上眼睛，心理上离开也可以。然后，你就可以按照上述的方法来做。

整个四句是一轮，你可以根据自己的情况反复做几轮。需要注意的是，每次运用这个方法时，最好是按照上述“看到、允许、接受、释放”的顺序进行，待你能熟练应用后，就可以依照当时的感受灵活发挥。同时，每次做这个练习最好不要超过六分钟。如果你还想继续，休息几分钟以后再进行。

当你运用这个方法来调节消极情绪时，有时情绪很快得到了缓解，但消极情绪也可能看上去没有什么明显改善。这时，你不需要过于专注当下的效果，要知道，重要的是保持耐心去做这个练习，不要纠缠于当下的消极情绪，更不要去打压它。消极情绪之所以还存在，一定还有它存在的缘由，所以不要急于消除它，我们必须接受这个呈现的过程。也许这个消极情绪还会反复出现，但你同样要保持耐心，坚持进行练习，慢慢地这个情绪就会被化解掉。就像学骑车一样，我们不能指望一下子就能学会，总要有个过程。只要我们保持耐心，努力尝试，最终就完全可以控制情绪，保持平静。

情绪平衡法是从内在出发的方法

从心理学投射的原理来说，我们的烦恼及痛苦究其根本是围绕在“关系”上，无论你的烦恼是来自亲密关系、朋友关系、亲子关系、同事关系，还是上下级关系等种种“关系”，根本上来说，这些都只是映射出我们与自己的“关系”。我们所看到的都只是自己内在的影像，就像计算机的显示屏，所显示的内容完全是系统内部的数据。如果我们是一个和自己关系良好、善于接纳自己、热爱生活的人，那么眼前的世界在你看来，更多的是和谐与安宁。反之亦然。

你的烦恼是什么呢？也许你会列出很多内容或原因，然而，你所认为的烦恼只是一个表象。若只盯住表象下功夫，终究无法获得心灵的真正安宁。因为你解决完一个甲，接下来你又会看到一个乙，再接下来，你又会看到丙、丁、戊……如此循环，你会发现生活中，你的烦恼总是不断出现。你试图向外寻找安宁，但遗憾的是，你永远都会在寻找中。原因很明了，因为我们内在滚雪球的模式没有改变。

对于内心安宁的获得来说，无论你遭遇的是何种处境，只要你停止当下头脑的纠结，便可以获得解放。这完全取决于你是选择向外看，还是向内看。这里有必要指出的是，我们所探究的是关于心理层面真正归属感的问题，而绝非是生存本能的正当诉求，因此不能混为一谈。

很多时候，我们常常被那个令自己烦恼的表象所困住。事实上，我们不能面对的是自己对此表象的感受。如果我们想通过外在的某种改变，或是报复对方，来宣泄自己的情绪，这也是你的一种选择，本身也没有错。但是你容易愤怒生气、焦虑抑郁的模式并没有改变。情绪平衡法提供了一种新的选择，可以从内心深处来化解我们的情绪模式，使我们真正成为主宰自己心灵的人。

我们不会去批判或者惩罚那些给我们带来愉快感受的人，相反我们还会向对方表达感谢。但对于那些给我们带来痛苦的人，我们常常会以种种方式去报复。我们秉承爱憎分明的原则，但事实上，所谓的爱与憎，两者如同硬币的两面一样都存于我们内心。

这个情绪平衡法是最简单实用的方法，随时随地都可以使用。但你也不要把它视为消除消极情绪的灵丹妙药，一用所有的消极情绪都会立刻消失。消极情绪的产生并非都是这么简单，程度往往也不同，所以处理的方法也各有不同。后文中，我们会循序渐进地介绍处理情绪的观息法、处理失眠的方法、日常生活中的情绪调节方法，还有一个更深的情绪转化的练习。

第 3 章

深入调整情绪的观息法

在一呼一吸间改变情绪

生命在一呼一吸间舞动，每一刹那的呼吸都反映了我们当下的内心状态。你现在的内心是什么状态呢？是好还是坏？只要觉察一下你当下的呼吸状况，便可以“身有体会”。

对于情绪而言，呼吸就像一个乐团的指挥家，也像一面反射实物的镜子。它既可以掌控我们内心的喜怒哀乐，同时也会如实地映射出内在的情绪变化。当呼吸平稳有力时，你会发现整个人都和谐通畅；当呼吸急促粗重时，你也会发现整个人都是焦虑疲惫的。

我们只知道呼吸维持了我们生命的存在，然而却不清楚它与我们内在的联系。生命存在的意义，不是喘口气活着，而是活出爱与慈悲。但现实是，无边无尽的烦恼总是袭扰我们的生命。究竟是哪里出了问题？

正如美国著名的心灵导师露易丝 · 海（Louise Hay）所说的：“无论我们出现了什么问题，其根本的原因都是来自我们的思想。”因此，若想让生命活出喜悦和安定，改变思想则是必然的。

对于伴随我们多年的思想观念，改变起来又谈何容易呢？

事实是，往往那个我们不能放下的思想观念，很可能就是造成我们痛苦的根源。改变纵然是举步维艰，但只要我们有了改变的意愿，在那个当下改变就已发生。呼吸，这个看起来再平常不过的现象，却和我们的心理有着紧密的联系。我们心念的变化与情绪的起伏无时无刻不穿梭在呼吸间。只要你认真地去觉知，你会发现当下的身心状况牵动着每一次呼吸。换言之，你当下的呼吸品质，就是你当下的身心面貌。

改变一种观念并不容易，尤其是那些让我们痛苦且无法自拔的观念。否则，我们又怎会自讨苦吃。然而，有一种途径，并不需要我们和自己的观念针锋相对，就完全可以改变我们的心态及观念，这就是“观察呼吸”——观息法。也许你很难想象仅仅观察呼吸就能改变自己的观念和态度，二者听起来似乎风马牛不相及。但事实上，它们却是紧密关联的。

呼吸不是来自过去，更不是源于未来，它是当下每一个鲜活的瞬间。“当下”完全是真实与安定的，没有扭曲与偏颇。借助观察呼吸，我们迷茫漂泊的“心”可以回归当下。一旦我们的心处在当下，平静与光明自然会回归心灵的高地，进而瓦解造成我们痛苦的观念。

当下的心是真实无惧的，徘徊在过去和未来之间，只会使我们与淡定和从容渐行渐远。

我理解你费尽心思地想要找到一种方式保全自己，使自己不受到伤害。但事实是，你内在的真我一直都是纯净美好的，它从未受到过伤害，也从不会受到伤害。受伤害的仅仅是你持有的念头。

请不要把精力浪费在谴责自我上，更不要把责任的矛头指向别人。你已经尽力做到最好了，而别人也仅仅是依照自己的心意在行事。每个人都有权维护自己的心意，但这绝不是强加于人，你如此，别人也如此。要知道，任何形式的强加于人都是在制造不平等，如此，怎能获得内心的平安与和谐呢？

你曾无数次地要求他人为你的情绪负责，可问题是，情绪是你自己的，你的情绪你自己都摆平不了，别人如何能做到呢？况且，对方和你一样都是深受情绪摆布的人。你曾一再提醒自己不要做委曲求全的人，然而，如今你却又以同样的方式要求别人。

另一方面，不要为别人的喜怒哀乐而责罚自我。每一次当你出现这种感受时，请提醒自己："我不是他人情绪的主人，只有他人才是他自己情绪的始作俑者，而我仅仅是他人的一面镜子。"

同样的道理，当你感觉到别人让你不开心的时候，也请你提醒自己："我是我情绪的主人，只有我才是我自己情绪的始作俑者，而别人仅仅是我情绪的一面镜子。”

生活中，无论何时何地，当你觉察到自己生出了消极情绪，无法保持内心的平静时，你就保持“平等心”。平等心就是平衡、平稳的心，即不判断、不分析、不联想、不纠缠的心。当愉悦的感受来临时，不期盼它持续下去；当不愉悦的感受来临时，也不期盼它赶快消失。保持“平等心”，将心拉回到呼吸上，观察一下你的呼吸。

当我们真的用心观察呼吸时，我们的身心则自然回归到当下的合一状态。所有冲突、不安的念头及情绪都将被当下的光明驱散，而隐藏在内心深处的正念自然会显现出来。

从另一个角度来讲，人之所以有情绪困扰，就是因为想得太多，思考得太多，以至于纠缠其中。要停止纠结，就去练习观息法——观察你的呼吸。呼吸伴随着生命的开始到结束，呼吸的品质代表着生命的品质，持续观察呼吸，心就会变得平静。

呼吸维持了生命的运转，为人体生命提供了基础的物质——“气”。从中医的角度来说，“气”协调着人体的生理功能。明代的名医张景岳曾说：“人之有生，全赖此气。”“气”是人体内一切体液和器官组织能够运动的推动力，是一种能源。人体经由呼吸为体内聚集元气，进而在内在系统的主导下对能量进行分配供给，维持生命的正常运行。

呼吸顺畅自然气息平稳，体内元气稳固。从中医的角度来说，呼吸所产生的气推动着心脏跳动，使血液输送到我们全身。可以说，呼吸平稳，心跳就会变得有力，血液循环就会更通畅，而身心自然会达到和谐与放松。中医上讲“气和血畅，百病不生”，这也正是为什么中医治疗着重气息的调理。

在日常生活中，当我们紧张、焦虑或愤怒的时候，就会面红耳赤或是心跳加速，但是你可能很少觉察到，在那个当下，你的呼吸也是非常急促的。不仅如此，事实上我们身体的任何一种反应，以及心理变化都与呼吸紧密相连，每一个细微变化都牵动着我们呼吸的状况。

身心一体，是相互作用的关系。每一次情绪的波动，我们都能感受到心脏的不舒服，以及身体的紧绷。长期受情绪困扰的人，他的身体一定是有病症的，中医的“喜伤心、怒伤肝、忧伤肺、恐伤肾”之说，完全诠释了这个道理。

从禅的角度来说，为什么观察呼吸，而不是其他，原因是有很多的。呼吸可以释放压力，净化心灵，增强人的慧见，它可以使我们“回归当下”。

呼吸是简单的、容易觉察的，而且相比其他对象来说，是一个非判断、非思考的过程，比较不会引起人的贪恋和厌恶。呼吸和心跳一样，是活泼和变化的，一呼一吸连接着心脏的跳动，完全是当下生命状况的缩影，而且观察呼吸是我们很容易就可以掌握的。

观察呼吸会让呼吸回到自然，达到心定气和，百脉宁谧。呼吸是当下发生的最真实的反应，当我们以“平等心”去观察呼吸时，我们的心和呼吸就会连接一体，处在当下。而平稳的呼吸，自然会转化我们的情绪，把我们带入安静祥和中。

观察呼吸是静心的过程，持续地观察，可以让分离已久的身心自动融合，生命的本真就会自动显现。总的来说，观息法就是透过观察呼吸净化我们的内心，使我们回归安详、平稳的生命本真，恢复平静的方法。

观息法的具体练习步骤

所谓的“息”就是当下的一呼一吸。观息法就是以持续专注的心，如实地去观察（觉知、感觉）鼻孔处的呼吸进出，不做任何评判、思考、分析。

观息法的两个重要原则是“觉知”和“平等心”。

觉知：对当下发生的就只是“清楚、知道”而已，不加评判。

平等心：不执着、不纠缠、顺其自然的心，即平常心。

平等心，从练习的小范围来说，就是不评判、不思考、不分析、不纠缠、不参与……

正确理解观息法的练习，才能达到静心的最佳效果，进而消除我们的紧张、压力、焦虑、抑郁等消极情绪。

练习观息法时，首先要选择一个安静不会被打扰的环境，且不压抑沉闷，如果有窗户最好。穿着最好是宽松舒服的。接下来，找一处地方，不要是沙发或靠椅，如果床足够挺实的话，可以选择床，或者找一个坐垫铺在地上也行。然后，以打坐的姿势双腿盘坐在上面，保持腰背挺直，合上嘴，闭上双眼。

当闭上双眼后，把注意力放在呼吸上，以"平等心"的原则去观察（觉知、感觉）呼吸的进出。对于当下的呼吸状况以及头脑中的念头，不做任何判断、分析、联想和纠缠，就只是如实单纯地观察呼吸。

如果是一次深的呼吸，你就觉知它是一次深的呼吸；
如果是一次浅的呼吸，你就觉知它是一次浅的呼吸；
如果是一次热的呼吸，你就觉知它是一次热的呼吸；
如果是一次冷的呼吸，你就觉知它是一次冷的呼吸；
如果是一次粗的呼吸，你就觉知它是一次粗的呼吸；
如果是一次细的呼吸，你就觉知它是一次细的呼吸；

如果呼吸经过你的左鼻孔，你就觉知它经过你的左鼻孔；

如果呼吸经过你的右鼻孔，你就觉知它经过你的右鼻孔；

如果呼吸同时经过两个鼻孔，你就觉知呼吸同时经过你的两个鼻孔……

这个情绪调节练习，需要我们用公正平和的态度去验证它的效果。你要完全按照这个方法的要求去做，不需要掺杂任何其他技巧，就只是观察自己的一呼一吸，让呼吸顺其自然。

不管呼吸是快是慢，不管呼吸是跳跃的还是流畅的，不管呼吸是明显的还是不明显的，总之，不管你当下体验到什么样的呼吸现象，你就是如实地观察，以“平等心”的原则对待，不做任何主观的判断，就只是如此而已。

不要干扰自然呼吸的流动，让一切顺其自然，你所扮演的角色只是观察，就只是如实地观察自己当下呈现的样子，而不是你所想要的样子。

如果你在观察呼吸的同时，也注意到身体某个部位的感觉，或是头脑产生的某个念头，或是外界的某个声音，不用管它，保持“平等心”。如果你的注意力完全离开了，跑到身体的某个部位或是头脑产生的某个想法上，或是外界的某个声音上，你也要保持“平等心”，把注意力拉回到呼吸上，仅此而已。

当我们保持“平等心”，持续地专注于呼吸时，我们就完全活在当下。

观息法不仅仅限于在静坐中练习，同样也适用于日常生活。无论我们是在做事，在与人谈话，还是在闲暇的状况下，只要有消极情绪产生，我们都可以随时提醒自己，将心放在呼吸上，保持“平等心”，只观察当下的呼吸。这时，平静的心会变得更平静，焦虑的心会转为平静，因为一切焦虑、不安、愤怒等消极情绪在“当下”都无法兴风作浪。

虽然静坐观息的练习，会使我们的身心回到当下的美好时刻，但从生命的最高意义而言，活在当下应该是时时刻刻的。只有少数人才能达到这种境界。对于我们一般人来说，只要能更多地安住当下，我们也足以从不断出现的烦恼中解脱出来，成为情绪的主人。当某种情绪出现时，我们不会不知所措，而是能保持“觉知”，保持“平等心”，将心拉回到当下的呼吸上。接着，内在的正念力量就会涌上心头，一切烦恼都将被快速、有效地化解。

观息法练习的指导原则

问：练习要做多长时间？

答：每次练习最好不少于 20 分钟。

问：每天做几次？

答：每天练习最好不少于两次。

问：少做或多做会不好吗？

答：练习多多益善，但要保持平等心，不贪求任何好的感觉，也不排斥任何坏的感觉。

对于一般性情绪调节来说，观息法练习 20 分钟是一个基础的时间。但对于有焦虑、恐惧、抑郁等症状的朋友，观息法练习需逐步增加到 40 分钟以上，最好能做到一个小时。唯有练习时间足够长，才能达到一定深度，才能将深层的心理习性（消极情绪、心结）清理出来。这种习性的浮现可能是心理上种种不愉快的感受，或身体上种种不舒服的感觉。只要我们持续对浮现出的一切不愉快感受保持平等心，内心的习性就会像剥洋葱皮一样，一层层地被剥除。习性去除了，心结打开了，焦虑、抑郁等症状自然就消除了。

起初练习观息法，我同所有人的感受是一样的，每一分每一秒都很辛苦、很煎熬，时间过得非常漫长，一分钟就像一个小时。但这种情况是我们一定要面对、要克服的。当然，如果练习中实在难以忍受，我们可以调整一下姿态。但凡还能忍受，就尽量不要改变姿态。

要了解，观息法练习绝对不是让你去忍受折磨，让你感受痛苦，这不是这个方法的目标，对练习中痛苦感受的忍受及保持平等心，会让你不断体验到感受的无常特性。一切感受，不管是愉悦的，还是不愉悦的，都只是生起、灭去的无常变化现象，没有什么是永恒不变的，一切都是无常的。而我们正是借由身体的感受作为工具，进而不断地体验无常，了知无常的。对无常的体验越深刻，执着心（习性）就会被去除得越多，平等心（平常心）就会变得越强。平等心越强，我们自然就会变得更乐观、淡定。

问：我如何盘腿？

答：双腿自然盘起，挺起腰背，抬起头。

问：腰背可以靠着东西吗？

答：腰背不要倚靠任何东西。

问：手又放在哪里？

答：手怎么舒服，就怎么放，但是当手放好后，练习中就不要乱动。

不用难为自己去仿照某种坐姿，比如，单盘坐或双盘坐。练习的重点是觉知和平等心，而不是某种坐姿。

当然，如果你过去有练习瑜伽或是静坐的经验，那你可以保持以往的姿态，否则，自然把双腿盘起来就好。如果你的身体因某种状况不能盘腿，那你可以平坐在椅子上进行，即便如此，你的腰背和头也最好不要倚靠任何东西。

问：练习中，观察不到呼吸了怎么办？

答：观息法只要求我们如实地观察（觉知、感觉）鼻孔的气息进出。如果你感觉到的是明显的呼吸，就是明显的呼吸；如果你感觉到是不明显的呼吸，就是不明显的呼吸；如果感觉不到呼吸，也就是感觉不到。总之，你感觉到的是什么样的呼吸，就是什么样的呼吸。不需要刻意调整呼吸，自然地呼吸便是。

问：我可以在观息法练习中默数呼吸的次数吗？

答：不可以。保持观息法的纯正非常重要。我了解到有一些方法，让你在观察呼吸的同时也配合一些技巧，进而让你变得更专注。比如，让你在观察呼吸的同时心里默数呼吸，或者是观察呼吸的同时心里默念“呼”和“吸”等。我有过类似的体验，虽然有时加入一些技巧可以让我们的心变得更专注和平静，但是专注和平静不是我们的目的，这只是一个附属产品而已。观息法的目的是培养平等心，活在当下的心。平等心越强，我们自然就越能成为一个专注和平静的人。

问：什么时间适合练习观息法？

答：任何时间练习都可以，都是在修身养性。当然，如果情况允许，早晚各练习一次，每次保持 20 分钟以上。长期保持这种习惯，整个身心都会获得巨大的益处。

问：练习中杂念不断，总走神该怎么办?

答：这是普遍的表现，在起初练习时，大部人会发现自己的心难以安定，会产生各种胡思乱想。上一秒还在呼吸上，下一秒可能就跑掉了，心思就像猴子一样跳来跳去，片刻不得安宁。是的，看看我们这颗心是多么躁动不安。但不要沮丧，我们就是要通过观息法的修习，来修炼这颗躁动不安的心。

我们必须要不厌其烦地，坚定、坚决地、持续不断地专注在呼吸的进出上，只要意识到走神了，就再拉回到呼吸上，走神了，就再拉回来，发现陷入联想了，就不再去想，继续回到呼吸上，只需如此反复地练习。经由一段时间练习后，我们就会发现虽然练习中还是会有各种杂念，但杂念会逐渐减少，且对我们的影响也越来越小。杂念的影响越小，自然走神的情况也就越少，即使走神了也能很快地觉知，回到呼吸上，更好地专注于呼吸的进出。

问：如何检验自己观息法练习的好坏?

答：练习的好坏不在于你杂念的多少，也不在于你专注于呼吸时间的长短，练习的重点是“觉知”和“平等心”。简单来说，只要你发现走神了，重新回到呼吸上就可以。不要设法消除、阻止、控制、对抗一切念头、感觉、感受，让它们自由来去，保持平等心。不必为了让自己不走神，而用力地控制注意力专注于呼吸，这会让你变得紧张，以轻松、用心、认真的心情专注于呼吸就好。

问：在观息法练习中，有时感觉自己好像不会呼吸了，有时又感觉自己好像在控制呼吸，这种情况该如何应对?

答：要牢牢把握“觉知”和“平等心”的原则。在观察（觉知、感觉）呼吸的过程中，不管你感觉到是什么样的呼吸现象，都只保持平等心，不思考、不评判、不控制。简言之，你感觉到的是什么样的呼吸，就是什么样的呼吸，你只对实相保持觉知和平等心就好。

在练习过程中，如果感觉自己好像不会呼吸了，你就是觉知到好像不会呼吸了；如果感觉自己好像在控制呼吸，你就是觉知到好像在控制呼吸了。总之，你在观察呼吸的过程中，感觉到的是什么样的呼吸，就是什么样的呼吸，你不需要刻意调整自己的呼吸。呼吸伴随着生命的流动，它一直在发生，你只要继续聚焦在当下呼吸的发生上便是。哪怕仅仅是意识上知道呼吸的发生，但没有呼吸进出的感觉，也是如此。

问：观息法练习中身心会出现各种不舒服的感受是怎么回事?

答：随着练习的深入，身心一定会出现各种不舒服的感受，这是必然的。我们必须勇敢地面对这一切不舒服，这是观息法非常重要的部分。事实上，面对、克服练习中所出现的一切不舒服的感受的过程，就是我们内心的净化过程，正如心理学上所讲的“呈现即是疗愈”。

当练习从 10 分钟到 20 分钟，再到更长时间时，隐藏在内心深处的消极情绪、情结就会不断地浮现出来，我们会感到非常不舒服。它可能是表现在身体的不舒服上，如身体的冷热、腿的麻痛、腰酸背痛、头晕头痛、痒、胸闷气短、身体颤抖、打嗝排气等。它也可能是心理上的不舒服，如紧张、焦虑、恐惧、烦躁、怨恨、自责、孤独、委屈、悲观、绝望等。

身体上的不舒服会带来心理上的不舒服，而心理上的不舒服又会加剧身体上的不舒服，我们会越深刻地体验到身和心的交互作用，进而越陷越深，无法自拔，这就是我们的痛苦。我们不断地陷入对这种对抗、打压、排斥、贪恋、厌恶、纠缠的执着中，在这种恶性循环中，不断地重复、翻腾。

生活中会有各种痛苦，当一种痛苦出现时，你如何对待它呢？对于痛苦的执着，再加上心理上的厌恶、排斥、对抗、纠缠，会让你变得愈加痛苦，无法自拔。但是如果你对痛苦保持平等心，不排斥它，不评判它，不参与它，不和它抗争，你就会体验到痛苦就是一种单纯的痛苦，不足以将我们击垮，并且用不了多久痛苦就会过去。

练习中的实际体验会给我们带来感悟，带来改变。我们会深刻地感悟到，最大的痛苦不是来自外在，而是来自内在，内心的执着才是我们最大的痛苦。当我们放下执着，痛苦也就离去了。

经由身体上各种不舒服的感受，我们不断地保持平等心，坚定、持续地专注在呼吸上，逐渐我们会体验到不管是身体上不舒服的感受，还是心理上不舒服的感受，不管是哪种身心不舒服的感受，本质上没有不同，它们都只是从产生再到消失的无常现象，没有什么感受和想法是永恒不变的。大自然的一切都是如此，不断地变化着，这就是自然现象，无常法则。而我们就是要借助种种身心的感受作为工具，不断地体验无常，了知无常，对无常的体验越深刻，平等心就会变得越强，执着心、消极情绪及心结也就会被去除得越多。

问：我在练习中，总想追求一些好的感觉，消除不好的感觉，这样是不是不对？

答：是的。随着练习的深入，某些时候，我们会有一些愉悦的身心体验及感受。如果是这样，那很好，这就是我们当下的体验，活在当下。但我们不贪恋它，不执着于它，因为这种愉悦的感受也是无常变化的，它会消失。如果你执着于它，你就会痛苦，所以要保持平等心。就像春天来了，我享受这种美好，春天过去了，我也平静地接受，不会执着。同样，当有不愉悦的感受出现时，虽然我很不舒服，但我不会焦躁、悲观，不会陷入纠缠、执着，因为我知道这也是无常的，它会改变，会消失。懂得顺其自然，我们才能拥有平稳、自由、快乐的生活。

问：练习中身体出现不舒服的感觉，可以改变姿态吗？

答：随着练习时间的增长，身体会出现种种不舒服的感觉，如腿痛、腿麻、腰酸背痛、某个部位发痒等，如果这种不舒服的感觉令你实在难以忍受的话，那么你可以调整一下姿态，但是尽可能小幅度调整，能不动则不动。

假如腿痛了，你就伸伸腿，痒了，就抓一下。一有身体上的不舒服，你就左动右动，你会发现，越动越想动，心就会变得散乱烦躁，变得更难以专注于呼吸。当然，在练习中发现腰弯下来了，可以把腰直起来，头垂下来了，可以把头抬起来，保持腰背挺直，也有助于我们保持清醒。但是尽可能不打开腿，手不要乱动，更不要睁眼，这种约束会增强我们的定力。随着我们持续地保持平等心，专注于呼吸，我们会逐渐体验到不管是腰酸背痛、腿痛腿麻、发痒，或是其他种种身体上抑或是心理上的不愉悦感受，都是无常变化的，都是会消失的。

问：观息法练习中极度的焦躁不安情绪如何应对？

答：当你的心焦躁不安时，可以借由快速深呼吸来舒缓一下情绪。用力把空气吸进来，然后屏住几秒，再用力把它吐出去，如此反复做几次。这种方法可以暂时舒缓你的情绪，但有时它未必能起到令你满意的效果，所以也不要对它有过高的期待。如果起到了效果，那很好；如果没有，也不要沮丧、气馁。

做完几次深呼吸后，恢复正常呼吸，继续专注在呼吸的进出上。不管深呼吸有没有缓解你的情绪，都不要再去纠缠它。在每次练习中，除非你的情绪极度焦躁，否则尽量不去做快速深呼吸。要了解，不管是多么痛苦的感受都是无常变化的，会慢慢消失。所以，努力保持平等心，对一切不愉悦的感受、想法不纠缠、不批判、不管它、不理它，这就是顺其自然的最好做法。

问：观息法练习中是不是注意到头脑里的念头就是分心了？

答：观息法练习是需要我们把注意力放在呼吸上，只是去观察呼吸，但是这并不代表你观察呼吸的时候，意识不到头脑中的念头。你只是把注意力放在了呼吸上，而不是念头上。意识到头脑中闪现的念头，并不代表你分心了。只要你没有陷入对想法或情绪的参与、思考，没有纠结，那么你就没有分心。

头脑中所显现出来的念头是出现在我们意识范围内的，我们当然会觉察到。这就好比我们的眼睛视线范围很广，当我们看一个事物的时候，我们的焦点是在这个事物上，然而在我们的视线范围内，也能在眼角的“余光”中看到很多其他的东西，这是同样的道理。“两耳不闻窗外事，一心只读圣贤书”，我们可以把它理解为：不管窗外发生了什么事情，但是心只在当下书本的学习上。观息法练习也一样，不管头脑里闪现出什么念头，我们的心或者说注意力只专注在呼吸上。

问：练习中有没有哪些常见的小问题是我要注意的？

答：1. 练习过程中，最好不要随意睁眼看时间。

2. 不在练习中思考、分析、解决任何问题。

3. 不要让自己陷入昏睡，如果发现自己出现瞌睡、昏沉的情况，就保持腰背挺直。

如何用观息法化解情绪

生活中不如意不顺心的事情十有八九，为此我们的心常常纠结紧张，产生消极情绪。有时甚至事情没有发生但心理障碍已经产生了，我们会因此变得紧张不安，平添无数烦恼。焦虑、紧张、嫉妒、怨恨、敌意、自责、恐惧等情绪接踵而来，令我们措手不及。你可能认为是天不尽人意，或是外在环境、他人造成了你的烦恼，如果你仍是继续抱持着这种态度，那么你一辈子都会遭受无边无尽的烦恼和痛苦。

以平等心接纳自己的情绪

心理学有一个基本的理念：任何事物及现象都不会让人产生紧张和压力，令人产生紧张和压力的是人们对事物及现象所持有的观点和看法。这也正是为什么经历同样一件事情，不同的人却有不同的看法。看法不同，他们的感受自然也就会不同。

有时候，我们不能马上做到改变看法，或者说我们知道不该这样去想，但自己却做不到，这都没有关系，观息法能帮助我们。它不需要马上改变什么，只是纯然地去允许、接纳你的情绪及想法的呈现，以“平等心”的原则，将注意力持续地专注在呼吸上，“心”慢慢就会变得纯净，我们的看法自然就会改变。

从老子的自然之道的观点来看，宇宙万物本是圆满、和谐、俱足的，这当然也包括人。爱、平静、健康、和谐、喜悦和美丽这些品质，是生命的真实本性，我们本可以自由自在、全心地爱自己，与自己和他人和谐共存。但遗憾的是，在成长的过程中，我们的心却被各种社会价值观分割成万道屏障，使我们学会了怀疑和猜忌，并变得忐忑不安。接着我们又带着这样的心态去看待彼此。我们想要爱和认同，但却用错了方向，把爱和认同投射到了外在环境及他人身上。

我们都想从他人身上获得爱，获得认同，可得到的往往是焦虑。我们不知道，自己的焦虑、愤怒以及恐惧等消极情绪就是源于对爱的诉求。我们也不知道，我们一直寻找的，其实就在自己的内心深处。

不畏将来，不念过去

焦虑和愤怒等消极情绪蒙蔽了我们的本性，让我们陷入了一波又一波的情绪波澜中。我们尝试着改变些什么，想弄清楚事情的缘由，有时情绪会得到平息，但更多的时候，我们是在重复同样的模式，只是花样不同而已。

观息法可以让我们停止纠结，停止胡思乱想。当专注在呼吸上的那一刻，我们的心就处在当下，不再对过去悔恨纠结，也不再对未知的未来感到恐惧、焦虑。让心持续地处在当下，当我们的心慢慢恢复平静，情绪也会在不知不觉中烟消云散。当内心平静了，情绪消散了，想想看，你的看法会变成积极的，还是消极的呢？答案在你心中。

我们过往的生活经历给心灵打了无数的结，这些结制造了无数的难题和紧张情绪，因此整个身体和心理结构都会变得非常紧张。虽然我们努力地调节自己，并且也取得了一定的效果，但是我们从来不知道心的最深处仍在不断地打结，仍在不断地产生无尽的烦恼，所以我们总是无法消除紧张不安的情绪。为什么会这样，难道人活着就是要忍受各种情绪的折磨吗？不！这绝不是生命的真实本质！

然而，要如何解脱情绪的左右，让自己活得安详自在呢？这就是观息法的宗旨，这个方法帮助我们进入身和心的真实本质，实际体验身心结构的实相，从体验中了知我们的心是如何产生无尽烦恼的。

我们无尽的烦恼是从何处产生并且不断增长的呢？我们不了解内心深处发生了什么事。虽然你不想要痛苦，但是你还是在受苦。虽然你不想要痛苦增长，但痛苦还是在不断地增长。这已经成为我们的行为模式了。我们必须进入心的痛苦根源，唯有如此，我们才能摆脱这种习性或模式。需要强调的是，进入痛苦的根源并不是让你去体验痛苦，而是当痛苦表现出来的时候，让它自然流露，不去干扰它。诚如老子所讲：“顺其自然，无为而为。”

找回“自我疗愈”之道

我们的身心本就具有自我疗愈的能力，当我们不去干扰这种自然疗愈的秩序，只是遵从情绪本身的表现时，我们本身的能力自然就会疗愈伤痛。例如，如果身体上有些小伤口，我们会贴创可贴，如果是更大的伤口，我们也许会到医院请医生为我们用针线缝合；但无论怎样治疗，真正让我们的伤口重新愈合的是身体本身的能力，药品或者是针线缝合只是避免伤口感染而已。身体是这样，心灵也是一样。

宇宙万物的运行规律遵循于自然，无论你喜欢或不喜欢，它就是如此。这个“自然”包含着和谐、整体的意思。人是宇宙中的一个粒子，同时也是一个小宇宙，也必然在这个“自然”之道中。

我们对自己一直在做些什么呢？抗拒情绪的表现，抗拒身体的表现。我们想让自己平静、放松，但我们却一直做着背道而驰的事。看看我们是怎样对待情绪的：转移、控制、抗拒、分析、判断、解决，结果让我们陷入了无限的纠结中。

在心理咨询中，我时常会对我的来访者强调心灵的神奇。我们一直在打压、抗拒心中所产生的消极情绪及想法。然而，与情绪纠缠的结果使我们体会到，这样做并不能让我们变得好受。相反，我们感受到的是更强烈的冲突。这其实是心灵在暗示我们："这个方式是不对的。"

很多人可能会疑惑："为什么我尝试了各种方法都不能让我变得好受些，不再有那么多焦虑和紧张等消极情绪呢？"我们百思不得其解。原因很简单，因为我们一直在抗拒自然，抗拒我们自身的"自然疗愈"之道。我们一直在想方设法消除负面想法和情绪，然而我们不知道，负面的想法和情绪表现的过程，恰恰也是释放的过程。但是我们却在极力地压制它们，不让它们出来。

虽然释放的过程让我们很痛苦，但这就像切开身体上的脓包一样，是必要的。因为我们知道，脓水出来，我们就会感到轻松，就会恢复健康。

用观息法了解你自己

所有的圣人先贤都说，要了解自己。他们之所以能被称为圣贤，是因为他们了解自己，通过探究自己内在的实相而了解自己。要了解自己不可以只限于知识上，这样是没有用的。在我进行的心理咨询个案中，70% 以上的求助者都具有高学历、高文化水平，可见知识不等于心态。很多时候我们知道不该发脾气，但我们还是会发脾气。我们知道自己应该这样，不该那样，但是我们却做不到。这不代表我们道德素养低或者说意志力有什么问题，而是因为我们有心结。

要实际地了解自己，让自己解脱，破除有碍于身心健康的“执着心”，观息法练习是我们可以选择的一种最简单有效的方法。

当我们认同身体、心理结构或是某个想法为“我”时，就会产生强烈的执着心，造成无边的痛苦。观念是观念，痛苦是痛苦，我是我。当你认同身心并对它产生执着时，你就开始紧张，开始打心结，开始产生痛苦。仅仅在知性上或感情上认识到并没有用，我们必须亲身探究自己的整个身心，必须从表层深入心的深层。

观息法会帮助你从经验上探究整个身心。如果你想从经验上探究实相，那么必须在自己的身上下功夫，而不是专注于外在的对象。呼吸，就只是单纯地呼吸。如实地观察它，是我们探究身心实相、化解消极情绪、净化心灵的重要工具。

观息法的核心原则是“平等心”

我们的痛苦是共通的。生气、焦虑、担忧、愤怒、仇恨、恶意、攻击、抱怨、批评、嫉妒或者恐惧，不管是什么样的情绪，什么样的痛苦，情绪就是情绪，痛苦就是痛苦，本质上都是一样的，你不需要去区分它。

当你生气时，你需要去分辨你是为什么生气吗？因孩子不听话而生气？因爱人不关心自己而生气？因工作不顺心而生气？因人际关系不好而生气？还是因买彩票没中奖等而生气呢？生气就是生气，本质上没什么两样。由消极情绪所产生的痛苦也一样，痛苦就是痛苦，人类的烦恼和痛苦是共通的，处理的方法也是共通的。

观息法的一条重要原则是，在练习时，你必须与当下你所体验到的呼吸以及身心的表现同在。无论你的身心呈现出什么样的状况，你都只是允许它、接纳它，不去纠缠它，保持觉知，以平等心的原则对待，以平等心的原则观察呼吸。这个方法适用于每一个人。因此，我们可以持续地去练习这个方法，不断地净化我们的内心，让自己成为一个拥有更多安详和快乐的人。

活在当下——练习观息法的结果

我们一直在说“活在当下”，但要如何“活在当下”呢？

口号人人会说，然而只有真正置身于“当下”，我们才会切身感受到当下带来的真实与安定。“觉知”和“平等心”正是我们通往当下的途径，你绝不可能绕过它们而直接进入当下。

借助观察呼吸发展我们的“觉知”和“平等心”，这并非静坐练习中的专属品。既然是修心，修炼当下，那它更应该用于日常生活中。当下绝不属于某一个时刻，而是生活中的时时刻刻。

只有“当下”才是真实的

生活中的我们大部分时间都在胡思乱想。我们的心不是沉浸在往事里忽悲忽喜，就是飘到对于幻想出的未来的兴奋或恐惧中，完全迷失在贪恋、嗔恨的执着中，对于眼前发生的一切却视若无睹。然而，对于我们来说，当下这一刻才是最具真实意义的。请记住：世上本没有问题，唯一的问题就是丧失当下。

过去已经消失无踪，无法重来。未来更是扑朔迷离，无法掌控。只有当下才是我们活生生的“存在”。

倘若我们仍像以往一样迷失在过去和未来，这只会使我们重蹈过去的错误，无法实现未来的梦想。如果我们发展出当下的觉知力，就能止住过去的洪流，而未来自然会像绿油油的青草随风飘扬，一切都将随因果而生。

活在当下是顺其自然的根本之道。大树刚挺，但在大风之中却易折断，小草柔弱，但却可以随风舞动保全自己。自然界的万物只有顺其自然才能拥有和谐，保全自我。人如何能跳出这个自然法则呢？因此，只要我们发展出“觉知”与“平等心”的能力，就能很好地安住当下，在顺其自然的法则下，我们便可以活出和谐与安定。因此，我们需要方法，来发展“觉知”与“平等心”，如此，才能使我们真正进入当下，而观察呼吸，就是一种最简单直接的方法。借由对呼吸的观察，我们的心自然就会落实在当下。

要修炼活在当下的心，必须观察你的呼吸

呼吸是意识与潜意识之间联结的纽带，将心放在呼吸上，可以使我们潜意识的部分浮现出来，尘封的创伤及阴影都将逐一显现在当下的光明之下。它们仿佛是驻扎在黑暗里的吸血鬼，一旦暴露在阳光下，必将灰飞烟灭。相反，真理、爱与智慧的真我将随之显露，为我们照亮当下的人生。

在我们存活的每一刻，呼吸都在自然地发生着。也许有时我们会有意识地以某种方式控制呼吸，或是暂时停止呼吸。但是更多的时候，呼吸在我们没有任何意识提醒的状况下，仍然继续运作。经由对自然呼吸的觉察，不管是呼吸的长短、粗细、深浅、冷热或是快慢，都不去做主观判断和调整，只是保持“觉知”，保持“平等心”，隐藏在潜意识层面的愤怒、仇恨、抱怨、恐惧等消极情绪，渐渐地都将在观察呼吸的当下一一暴露出来。对此，你仍然就只是保持“觉知”，保持“平等心”，不去理睬这些

消极情绪，让它们自由来去。如此，呈现出来的消极情绪就被化解了。

消极情绪神出鬼没，往往不和我们打招呼，就偷偷地溜了出来，令我们防不胜防。我们常常无法化解，甚至还会掉进情绪的乱流中。庆幸的是，呼吸使它们无处遁形，因为呼吸就是我们内心状态的一面反射镜。当内心平和时，呼吸规律平稳；当内心焦躁不安时，当我们恐惧、愤怒、焦虑、紧张或是激动时，呼吸就会变得急促粗重。因此，只要我们时常去觉察当下的呼吸，便可以看到自己的内心状态，从而保持“觉知”，保持“平等心”。如此一来，我们的心就真正落实在当下，一切焦躁不安的情绪都将慢慢消失。

因此，要修炼当下的心，就必须发展出“觉知”和“平等心”。有意识地觉察呼吸，这种练习渐渐地就会成为我们对呼吸的自然觉察，成为一种习惯，而我们的心自然也就能安住当下。

静坐观呼吸是发展“觉知”与“平等心”的基础；但若要同时发展出广泛的觉知与平等心，则必须经过生活的磨炼，只有生活才是我们心灵的实验室。因此，在生活中我们必须有意识地提醒自己，随时保持“觉知”，保持“平等心”，觉察当下的呼吸，让这种有意识的对呼吸的觉察，慢慢发展成我们的一种习性，发展出一颗活在当下的心。

第 4 章

远离失眠：安然入睡的方法

睡眠是情绪的镜子

良好的睡眠是健康的基础。从最基本的层面来说，睡眠可以缓解我们的身心疲劳，休整身体的各项机能，从而使我们的身心保持活力。

睡眠是生命最自然的事情，也是我们与生俱来的一种本能。可以说，我们的一生有三分之一的时间是在睡眠中度过的。莎士比亚把睡眠比作生命宴席上的“滋补品”，也有人把睡眠比作“健康银行”，只能定期储蓄，不能随意透支。睡眠也可以成为“情绪的镜子”，它能映照出我们情绪的变化，情绪平稳时睡眠质量好，焦虑紧张兴奋时则难以入睡。

随着社会竞争的日益激烈，人们的心理变得越来越焦躁不安。我们挖空心思地追求金钱、事业、地位和爱，但却很少考虑改善自己的睡眠。如果我们不把睡眠当回事，那么睡眠也就不会把我们当回事。

婴儿不会失眠

我们很少听说婴儿会失眠。排除饥饿和身体的疾病外，婴儿可以说睡就睡。我们每个人都是从婴儿阶段成长起来的，但现在的我们，却很少有像婴儿般的睡眠，为什么会这样？难道说随着我们的成长，睡眠的能力在倒退吗？

这并不是事实。我相信，如果我们能够不把生活和工作中的消极情绪带到晚上，尤其是带到睡眠里的话，那么即便不会有婴儿般的睡眠，也完全可以拥有深度的好睡眠。然而，我们的头脑多年以来形成的思考习惯，总是会在夜晚或者睡觉时派上用场。我们常常希望把烦心难过的事在睡前处理掉，可结果却是没完没了地思来想去，使自己更加焦虑不安。我们很少会意识到，当我们的头脑在反复纠结的时候，自己已经掉进了负面想象的怪圈中。可想而知，一个人如果处于紧张、焦虑的情绪下，如何能睡得着觉呢？

80% 以上的失眠是心理因素所致

是什么原因导致我们经常失眠、多梦、早醒或是难以入睡呢？可以说，除了极少数特殊的身体疾病或是外部环境因素，80% 以上的失眠，都是我们的心理因素所致。除了保持健康的作息习惯和饮食习惯，排解心理上的紧张焦虑等情绪，才是解决失眠的根本之道。

导致失眠的六种心理因素

在解决由心理因素导致的失眠问题之前，我们有必要了解一下心理学界总结出的导致失眠的六种心理因素。

● 害怕失眠

因为害怕自己会失眠而失眠的人，在生活中不在少数。这种担心只不过是因为之前的失眠经验而产生的一种恐惧心理。每当到了晚上，他们就会害怕自己重蹈失眠的覆辙，进而想方设法让自己晚上能睡个好觉，但结果却适得其反。他们越是过分关注自己的睡眠，就越睡不着。越睡不着，就会越焦虑。越焦虑，越难以睡着……恶性循环，结果害怕失眠就真的失眠了。

● 手足无措

研究发现，失眠问题的出现，很多时候是因为在此之前经历过一次或多次应激性事件，如失恋、夫妻吵架、家庭暴力、领导批评、客户投诉、考试落榜、扣奖金、被辞退、好友绝交等。很多人在遭遇突发事件的刺激后，情绪无法调整，以致手足无措、胡思乱想、情绪焦虑，进而波及晚上的睡眠。

● 做梦有害论

有一部分人的失眠是“做梦有害论”的错误认识导致的。他们往往认为梦是对人体有害的，是睡眠不好的表现。还有的人担心，噩梦是一种预兆，预示着会有祸事发生。这种担心做梦的心理直接影响了睡眠。事实上，做梦是人正常的心理现象，同时也是潜意识的一种活动表现。科学研究发现，人在睡眠中是会做很多梦的，但能被我们记起的仅仅是上升到意识层面的一小部分，很多深层的梦境往往无法被我们记起。可以说，只要是一个活人，就一定会做梦。

如我们上面所讲，梦是潜意识的活动表现，而潜意识是人类灵感和智慧的发源地。形象地说，如果一个人希望和潜意识沟通，那么梦就是获得潜意识灵感和智慧的桥梁。不仅如此，学会对自我的梦境进行解析，有助于很好地排解心灵的困扰。现代心理治疗的历史就是从弗洛伊德的《梦的解析》开始的。所以，要正确看待做梦，不要抗拒这种自然而又神奇的生命现象。

● 自责内疚

由自责心理引起失眠的人，在生活中是较为常见的。这些人经常会因自认为错误的言行或事件而责备自己。尤其是在睡觉前，他们会在脑海里一遍又一遍地放映那些令自己后悔自责的画面，结果自然是辗转难眠。

● 紧张期待

很多小孩子，每到六一儿童节的头一天晚上，都会兴奋得睡不着觉。其实类似这种期待心理，我们成年人又何尝没有呢？但让自己睡不着觉的并非只有兴奋的事，生活中或是工作中需要自己第二天去完成的事情，会令一部分人出现紧迫感。这种紧迫感会导致他们睡得很不踏实。另一方面，还有担心睡过头而误事的心理。久而久之，就出现了早醒或是易醒等睡眠障碍。

● 童年创伤的再现

童年创伤导致的失眠是一种比较顽固的问题。有的人童年时遭受过恐吓、重罚、亲人亡故、性侵等创伤，出现了怕黑夜而不能入睡的情况。虽然这些问题随着年龄的增长逐渐好转，但成年后，一旦遭遇某种类似的创伤性刺激，就会使得压抑在潜意识里的创伤性心理反应再现，重演童年时期的失眠现象。

除了上述六种心理因素导致的失眠，还有抑郁症、焦虑症等引发的失眠，但不管是哪种心理因素引起的失眠都有解决的方法。

接下来，我们主要介绍在日常生活中，由消极情绪所造成的失眠的处理方法。

用观息法来治失眠

在心理辅导中，总会有学员这样问我：我已经很久没有睡过好觉了，有什么办法能治好我的失眠呢？

我说只要做好观息法就能治好你的失眠，不仅如此，你还会比过去睡得更好。

无论是从我曾经失眠、焦虑、抑郁的经历来说，还是从我多年从事心理咨询的经验来说，观息法绝对是上乘的修心好方法，不管你是焦虑、恐惧、抑郁、失眠还是受到其他种种心理因素（情绪）的困扰，只要你正确地坚持观息法的练习，情况就会越来越好。

那么，我们该如何用观息法来改善睡眠呢？其实非常简单，就是当你躺在床上之后，就将注意力集中在鼻孔的呼吸上，保持平等心。就像进行静坐观息法练习一样，持续观察呼吸。只要我们坚持这种静卧方式的观息法练习，睡眠就会变得越来越好。

虽然操练非常简单，但是要想做好这个方法，达到改善并消除失眠的效果，我们必须了解以下几点。

1. 不要把这种静卧观息法当成一种能让自己入睡的工具。

如果你带着让自己入睡的目的心去观呼吸（观息法），那是不对的，这往往会让你变得更加关注自己的睡眠，导致无法持续、安定地专注于呼吸，无法保持平等心。

当你一边观呼吸，一边又在关注自己有没有睡意时，结果会怎么样呢？ 20 分钟、30 分钟、一个小时后还没睡着，也许你还可以保持镇定，但当一个小时过后还没睡着时，你就会开始变得焦虑、烦躁，结果怎么样呢？你多半是很难睡着了，即使入睡，多半也是质量很差的浅睡眠。所以，不要期盼睡眠，不要把观呼吸当成一种“安眠药”，你就只是纯粹地观呼吸，不做任何思考、想象。对一切想法、感受，不管是多么不好的想法、感受，你都一律不参与、不管它、不理它，保持平等心。如果走神了，就再回到呼吸上，又走神了，又再回来，如此坚定反复地练习。

当我们能持续地保持平等心，专注于呼吸，心就会安定、平静下来，而当心平静了，我们的睡眠就会自然发生。

睡眠本是一种自然现象，是我们的一种本能，不需要用力干预。当我们去期待、去用力时，是在做着相反的事情，这会让我们变得焦虑、烦躁。很简单的道理，人在焦虑、烦躁的情绪下怎么可能会睡得着呢？只有平静的心才会进入睡眠。

2. 在静卧观息法练习中身体可以动吗？

在静坐观息法练习中，我们要求尽可能不要乱动，而在这种静卧观息法练习中，身体可以按照自己舒服的方式调整姿态。但是，有时频繁、过多地调整身体姿态会让自己产生烦躁的情绪。

要有觉知，当你意识到自己冒出烦躁的苗头时，就尽可能减少动弹，持续、坚定地专注呼吸，持续地伴随在呼吸上。

3. 如果我做静卧观息法也一直睡不着怎么办？

正如我们讲过的，不要把这种静卧观息法当成入睡的工具，如果很长时间过去了，还是没睡着，那就没睡着吧，坦然接纳当下，保持平等心。即使你整晚都没睡着，你也要尽可能地让心保持安定，不要焦躁，持续地关注在呼吸上。退一步来说，如果你真的整晚都没睡着，但你能最大限度地保持观呼吸，你会发现，你第二天的状态也不会变得糟糕。相反，如果你进而陷入焦躁，那你第二天的状态一定会变得非常糟糕。

良好的睡眠对我们的精力及身体状况的恢复自然很重要。但我们往往会忽略一个非常重要的情况是，睡不好觉所造成的糟糕状态，不单单是没睡好觉。更大的负面影响是由此产生的焦虑、烦躁的情绪，这种长时间的消极情绪，对我们的伤害则是更大的。

这种焦虑会强化我们对睡眠的执着，越执着，就会变得越焦虑，越焦虑就越睡不着，如此恶性循环，最后可能导致一系列心理障碍，包括睡眠障碍、失眠症、焦虑症、抑郁症……

4. 如果在静卧观息法过程中，很难专注呼吸，很烦躁的话怎么办？

我们首先要摆正练习的态度：我做这种静卧观息法，不是为了让自己能睡着觉而是纯粹地在观（专注）呼吸，不做任何思考、想象，不期待任何感觉、效果。

特别是放下对睡眠的期待，我所讲的期待，不是说你不该有这种期待之心，有这种期待是正常的心理反应。我的意思是，你一边在观呼吸，一边又在关注自己的睡眠，这会让你变得不耐烦，变得焦虑，而如此烦乱的心怎么可能让你入睡呢？

在心理辅导中，有一些焦虑、失眠困扰的学员会不自觉地陷入这种错误的期待中。他们的确在认真练习静卧观息法，但是“劲儿”用错了，变成了期待，变成了执着，这反而会让他们变得烦躁，难以专注呼吸。如此下去，怎么能睡得着呢？所以，要保持觉知，一方面是不去期待睡眠的发生，另一方面是如果心变得烦躁，难以专注呼吸的情况时，要及时调整当下的状态，这时你可以侧卧观（专注）呼吸，不管是左侧卧还是右侧卧都可以。但是，只要你确定好一种姿态后，就尽可能不要乱动，就像静坐观息法练习时一样，身体不要乱动。这种约束会增强你的定力，而定力的增强会使你更好地保持平等心，专注于呼吸。这样一来，心就会平静下来，正如我们反复强调的，当心平静了，往往就会不知不觉地进入睡眠。

5. 我通过静卧观息法睡着了，但是睡眠时间没有达到八个小时。

良好的睡眠不一定需要八个小时，特别是对于有冥想、静坐修习的人来说，即使四五个小时的睡眠也能获得饱和的休息；相反，质量差的睡眠，即使达到八小时以上，也难以带来身心的放松和修整。

很多人会执着于八个小时的睡眠概念，其实，这是相对的，人在不同的年龄阶段，不同的季节，不同的状态下，身体对睡眠的需要都会不同。更重要的是，睡眠的情况也是变化无常的，比如，你昨天比较疲惫、劳累，所以睡了八九个小时，但也许你今天就很放松、平静，晚上睡了五六个小时就睡饱了。有个俗语叫“春困秋乏夏打盹”，这也很好地说明了季节对人的睡眠影响。

应用案例

摆脱失眠、焦虑：我学会了令我受益一生的情绪管理方法

我是一个有严重睡眠障碍的人。2007 年，因为家中发生了一些事情，导致我有一段时间入睡困难，感到很痛苦。有一天，我从网上看到一则消息称人每天应该在晚上 11 点钟进入睡眠状态，否则肝得不到休息，时间长了，对身体不好。这则消息更加重了我的心理负担。之后，我每天早早地就躺在床上，强迫自己早点入睡，可是越着急越睡不着，越睡不着，越着急。每天入睡都要经过一番痛苦的折磨。时间一长，我对睡眠产生了严重的恐惧，看见床心里就不由自主地紧张、害怕。随之而来的就是精神上郁郁寡欢，本来很高兴，突然一想到晚上的睡眠，情绪便会一下子低落下来。后来发展到感受不到生活的乐趣，失去对生活的信心，一度产生了轻生的念头。

为了解决这个问题，我先后看了不知多少位医生，都说我是心肾不和，还有的说是心阳气太重。汤药、中成药、西药不知道吃了多少，都不见好转。听说北京有一家中医院治疗睡眠不错，我专门坐火车去看病，带回一堆中药，吃完后还是无济于事，睡眠障碍越来越严重，发展到一停药就几天几夜睡不着觉。要不是因为孩子还小，我早就想结束这种痛苦又没有质量的生活了。

偶然的一次机会，我在微博上知道了李宏夫老师，看着网上的资料，我感到李老师的心灵训练方法似乎会对我病情有效。带着半信半疑的态度，我联系了李老师，并订了他的心理训练课程。我提前预约了李老师做辅导，刚开始和李老师通电话时，没有感觉到什么，但随着练习的持续，我慢慢感觉到晚上对睡眠的恐惧感减弱了，自己能睡着了。这让我增强了信心。每天坚持静坐（观息法），从不间断。随着时间的推移，我感觉自己晚上的睡眠质量越来越好了，有时一觉睡到天亮都会浑然不觉，早晨起来感到神清气爽。再后来李老师又指导我如何破除执着，接受自己的各种情绪。学会这个方法以后，感觉过去一直压在心里的消极情绪一点一点被拔出来了，人感觉很轻松平静，内心慢慢地升起了一种喜悦的情绪。周围的人际关系也慢慢地变得越来越和谐。

感谢李老师挽救了我的生活，挽救了我的家庭。观息法太好了，虽然心理辅导结束了，但我学会的管理自己情绪的方法却会伴随我一生，使我终身受益，我会一直坚持下去。

第5章

日常生活中的情绪调节法

不要痴迷或排斥任何一种情绪体验

如何远离人生中的不愉快及痛苦呢？我们一直在为此寻找答案。

有的人看到了真相，而更多的人却一直在苦苦追寻中。他们曾无数次以为达到了某种要求或是具备了某些条件，就会无忧无虑没有烦恼。但事实是，即使实现了他们所谓愿望的时候，他们很快又发现，他们还是有痛苦，还是不愉快。为什么会这样呢？答案就是我们无法放下贪恋、执着的心。

我们的心总是习惯痴迷于或者排斥任何一种情绪体验。倘若我们以一颗觉知的心接纳所接触到的现象或感受，我们就能完全沉浸在当下的平静中。当下即是喜悦，所有的不愉快都是我们的心对已经发生的过去的悔恨，或是对还未发生的未来的担忧。我们的消极情绪会伺机被一件事情或一句话牵动出来。当情绪出现时，你如何应对呢？

在之前的章节里，我们介绍过两种主要的情绪调节方法，一种是处理突发情绪的情绪平衡法，另一种是净化内心的观息法。在本节里，我会为你进一步指出平稳内心的操练方法。这并不是一种新的方法，它就是观息法在日常生活中的延伸应用，你只需要把握观息法练习的两个要点——觉知与平等心，随时观察当下的呼吸即可。因为是生活中的灵活操练，所以你不需要像基础练习那样盘腿、静坐或是闭上眼睛。

当一种消极情绪向你袭来时，你可以运用情绪平衡法来调节，也可以搭配观息法练习。比如，你遭到了某种不平等的对待，某件事令你感到愤怒、焦虑，或者是你遭到了老板的批评，和同事发生了摩擦，抑或是你和爱人、孩子发生了不愉快……如果当时的情绪非常激烈，难以平复，你可以暂时离开当时的环境，找个安静的地方，一个无人的角落、楼梯间、卫生间都可以。这时，你可以首先运用情绪平衡法，针对此时的情绪：

吸气：我看到“你”的出现
呼气：我允许“你”的出现
吸气：我接受“你”的出现
呼气：我现在愿意释放“你”

反复使用情绪平衡法，情绪得到基本的控制之后，接着就将心落在呼吸上，观察你的呼吸。保持觉知，保持平等心，即使消极情绪仍在持续或是脑海里浮现出了其他的负面想法，也不要去理睬它们，让它们自由来去，就只是对此保持平等心，感受（观察）当下自然的呼吸。

你会发现，消极情绪会在呼吸间慢慢消失。这种搭配方式，你可以根据自己的情况灵活发挥，情绪平衡法的重复次数，观息法的持续时间都可以按你自己当时的感觉灵活安排，直到你感觉情绪已经完全平复下来为止。

停止制造“万一”的想法

你是否曾无数次给自己提出“万一”的可怕问题？“万一失败了呢……”“万一他要离开我……”“万一孩子被坏人骗了……”“万一这次考试又不及格……”

倘若如此，请停止这些灾难性的想象。请保持清醒，你的恐惧仅仅是你对自己所制造出的思维的认同而已。

我了解，万一想法的背后只不过是你想设法躲避未来的灾难。然而，在未来还没来之际，你已把当下的自己推进了焦虑和恐惧的深渊中。

不管你当下如何未雨绸缪，要清楚未来是无常变化的，你无法掌控。况且未来对现在的我们而言，不过是虚幻的。去想象虚幻的未来，难道可以让我们当下心安吗？我反而认为，未来倒像是我们惩罚当下的一个幌子，仅仅一个想法就已造成了我们当下的恐惧。

万一的恐惧只是一个想法，是一部你自编自导的科幻剧而已。尽管它是如此吸引我们，但是你要保持清醒，这一切只是你自己虚构的。请停止一切扰乱内心平静的行为，不断地去觉察自己当下的呼吸，无论是多么可怕的想法，或者多么紧迫的问题，都将你的心先专注在呼吸上。保持平等心，不去理睬它，不去解决它，更不要试图去寻找什么答案。因为那一刻，头脑在情绪的控制下，只会不断地提出各种刁钻的问题，使你越陷越深，又怎么能把实际的事情处理好呢？

如果这种强烈的担心情绪仍持续存在，你可以首先进行情绪平衡法的操练。

深深地吸气，在心里对那个令你担心的情绪或想法说："我看到了'你'的出现。"

接着缓缓地用力呼气，同样在心里对那个令你担心的情绪或想法说："我允许'你'的出现。"

然后再深深地吸气，在心里面对那个令你担心的情绪或想法说："我接受'你'的出现。"

再继续缓缓地用力呼气，继续在心里面对那个令你担心的情绪或想法说："我现在愿意释放'你'。"

以上四句是一个回合，你可以根据自己当下的状况，做上三五个回合。如果担心的情绪缓解了，那就是真的缓解了；如果没有明显缓解，不用急躁，仍然觉察当下的自然呼吸，保持平等心。

一定要记住，不要和头脑抗争，那只会令你内心越来越混乱。只要你持续地专注于呼吸，保持平等心，不去抗拒、不去纠缠那个情绪或问题，不去寻找什么答案或安全感，内心自会慢慢平静下来，回到当下的真实处境。而我们也自然就知道了该怎么从容理性地处理当下的事情。

如果你常常问自己："我现在的问题是什么？"你会发现，你现在的问题，也只不过是对明天的、后天的或者是更远的未来的种种忧虑。但真实的情况却是，你此刻并没有真正的问题，即便有，你当下也可以处理得当。未来对我们来说是无法预知的，因为它本来就是无常变化的。

你如何掌控和预知自己的未来呢？这只不过是你的一厢情愿而已。想想看，现在不也曾是你过去的未来吗？有没有出现你所担心的万一呢？

当下的我们具有力量和资源，我们完全可以应付好当下的事情。你无须提前担忧、焦虑，因为在未来，自然会有鲜活的资源使我们应付好那个当下。

万一的想法似乎已被我们视为理所当然。借着这个假设的命题，我们反复地自问自答，让自己陷入不安或是受害者的角色中难以自拔。殊不知，这完全是我们一手编导的虚幻景象。

为何我们总是去思考万一的问题呢？说到底是对自我的怀疑。我们怀疑自己的能力，怀疑自己是否值得拥有安定，是否值得拥有爱。遗憾的是，我们的思考只会加重自己的怀疑与恐惧，因为我们所假设的万一命题没有答案，只会有更多的万一……我们天真地认为万一的问题解决了，就万事大吉了；然而，这只不过是自我怀疑所制造出来的衍生品而已。如果我们一味地去专注万一的问题，只会掩藏问题的真相，并且什么事都做不成。

事实是，只要我们看到万一的背后不过是对安定与爱的一种诉求，转而带着觉知的心去关照这一切，那么这种自我怀疑的思想便自然得到安抚了。

当头脑混乱的时候，不要陷入逻辑思考

我们似乎已习惯了用逻辑思考来解决各种问题，但这对于追求心灵平静的人来说，却是一个无底深渊。尤其是在我们焦虑混乱的时候，逻辑思考只会令我们更加迷惘和不安。

你如何看待头脑的逻辑思考呢？你可以为巩固或支持某个观

点而不断进行逻辑推理，但是对于许多问题来说，同样的逻辑推理又会转而制造出反对的理由。你可以进行哲学争辩，也可以进行逻辑推理，但是先有鸡还是先有蛋的问题，永远没有答案，因为这就是一种自然的“存在”，超出了一切头脑逻辑。

看到一栋房子时，你知道它一定是某位建筑师设计的；看见一幅画时，你知道它也一定是出自某位画家之手。好像一切事物的背后都有个创造者，你会以此为依据，进行合乎常理的联想推理。但同样的依据又会使你陷入自我逻辑的混乱中。如果按“一切事物的背后都有个创造者”来推理，那又是谁创造了创造者呢？头脑可以不断地进行回溯、推理，甲是由乙创造的，乙又是由丙创造的……无止境地一直推衍下去，最后问题还是一样。头脑无法解释最初的那个 X 是怎么来的。

不要指望用头脑的力量来保护心灵的安宁。头脑只会不断地给我们提出问题，然后在那里自问自答。当一个分析驳倒了一个假设后，接着又会提出另一个如果或万一——它就是这么没完没了的。因为头脑只会看到恐惧和不安，虽然它总是美其名曰地辩护说，是为了我们的安危着想。但结果是，我们还是会感到不安和不足。

在心灵归属的层面上，我们需要看清我们的头脑，但不要排斥它，也不要憎恨它。它不是存心如此，因为连它自己都不清楚自己的运作特点。我们只需保持觉知，停止无休止的思考，持续去聆听、去观照这个思考背后的欲求和不安，我们自然就会从梦境中清醒过来，安住于“存在”中。

以往我们总是以判断、分析、思考来辨认自我的存在感，好似不思考的我，不能称之为“我”。为此，我们信奉“我思故我在”这套逻辑。但可悲的是，这个我一直在寻找中，因为思考的我，永远都只徘徊在过去和未来的虚幻中，它看不到当下。它就像猴子一样跳来跳去，使人无法安宁下来。

如果我们想获得内心真正的安宁，就必须改掉过去用思考来解决烦恼、痛苦的习性，停止头脑无休止的逻辑思考。“我在故我知”才是生命的真相。这意味着不去思考、推论、处理或总结，就只是去持续地观照（观察）那个想法或感受。慢慢地，那个思想之流就会停止，所有混乱的状态也将不复存在，而真知也自然就会呈现出来。这正是老子所教导的“无为而无不为”的道理。

觉知为内心的淡定保驾护航

觉知和平等心二者相互关联，犹如阴阳两面。如果没有觉知，就不会有平等心；没有平等心，也就不会存在觉知。当我们不断提升觉知力的同时，平等心自然就建立起来了，我们就会更多感受到内心的安定。

觉知的力量——回归当下

一位哲人说过：“人的痛苦是一种不觉知的状态。我们之所以痛苦，是因为我们无时无刻不在与自己的矛盾冲突中，完全没有安住当下。因此，你所要做的就是保持觉知。”

觉知就是，你完全能意识到当下发生了什么，你也能意识到自己在想什么、在干什么，你就“在”当下的那一时刻。当愤怒正在发生时，假如你保持觉知，认识到自己在愤怒，愤怒就会慢慢消失，因为不清醒的人才会愤怒。如果你处于当下，情绪就会在瞬间转化。因为所有的消极情绪都来自妄想，来自对下一刻的想象或是对过去的纠结。当你将心安住于当下的这一刻时，你是清醒的，妄想停止了，胡思乱想就没有了，而痛苦自然也就消失了。所以，我们生活的这个世界只有一种苦，叫作“不清醒”。

反观我们自己是怎么做的呢？人在当下，但心却总是徘徊在过去或纠结于未来，从而错过了当下的幸福时光。一个不懂得活在当下的人，他的生活怎能井然有序，他的内心如何能获得安定和喜悦呢？要想改变这种习性模式，我们必须借助一定的方法来修正。觉知就是我们通往当下的途径。觉知就是关注当下的存在。

这并不是说你要做一个超然脱俗的圣人。对于一个平凡人而言，享有更多的自由和喜悦是基本的权利。只要我们持续地发展觉知力，就能更多地享受到当下带来的喜悦。

在之前的章节里，我们着重谈到了调节情绪的观息法练习，这是基础的也是核心的练习。经由观息法的操练，我们可以发展出一定的觉知和平等心。但若你想随时随地保持心境平和，或者更好地提升自己的心灵品质，那么觉知和平等心就不应限于观息法及其延伸的练习中，以下将为你提供一种在日常生活中的操练方式。

日常生活中的觉知练习

我们可以随时随地发展自己的觉知力。如果你正在走路，就专注当下的行走，同时觉知（观察）脚下的感受。不管行走得快慢、曲直，还是姿态是否优美，你都对此保持觉知，不要陷入好坏对错等概念性的判断。

如果你正坐在车上，也就觉知当下“坐”的感受。也许你在觉知“坐”的感受的同时，也觉知到身体的其他部分或是内在的某个感受，这时你也就只是知道而已，不陷入好坏对错等概念性的判断。如果你坐着不舒服，想改变姿态，就改变姿态，但你要对这个改变的过程保持觉知，也不进行概念性的判断。

吃饭时，你觉知饭菜在口中咀嚼的过程。吞咽的时候，你就觉知这个吞咽的过程。所以，这种觉知的练习可以是随时的，不论是行走、坐卧、吃饭，还是洗漱、听歌时，你都可以练习。就只是对你当下正进行的活动保持专注，不陷入概念性的判断即可。

我们的概念化生活

我们的头脑已被概念装得满满当当。经由过去的经验，我们不断地去判断或比较眼前发生的一切。我们很少觉察到，对于眼前事物和现象的看法，都是受到我们过去经验的影响。无论是好的感受还是坏的感受，都取决于我们的观念。

如果我们认为一个人好，我们就会喜欢他的所有，甚至连平时看来不太雅观的一些动作，我们都会感觉那样优美；反之，当我们讨厌一个人时，他的坐卧站行、一举一动，哪怕是一个眼神，我们都觉得十分讨厌。对待自己，我们也往往不留情面，常常用批评、指责、悔恨等攻击的方式对待自己。我们的看法会引发对应的感受，原因很简单：我们怎样去看，就会有怎样的感受。

经验的累积变成了一连串概念。无形之中，概念把我们的心灵分割成两种极端，看看我们所奉行的非黑即白、非对即错、非美即丑、非善即恶、非好即坏、非成功即失败观念……我们就是这样，习惯性地以偏概全，带着过去的概念不断地比较、判断着，使我们的心反复陷入过去或未来之中，却很少能处于当下去感知。

一道菜本身不存在好吃与不好吃的区别，但是经由我们过去的经验，这道菜好与不好的概念就产生了。例如，我们都吃过宫保鸡丁这道菜，当我说“宫保鸡丁”的时候，你会有什么想象呢？我想你的头脑里一定会浮现出这道菜的颜色、味道、口感以及材料构成，整盘菜的样子顿时会浮现在你的脑海里。为什么会这样？很简单，因为你吃过，这道菜已经成为你的经验。

对中国人来说，不管是在南方还是在北方，这道菜都是常见的家常菜。但奇怪的是，同样一道菜，南北方的人却有不同的感受。

对于一个长期生活在北方的人来说，他所吃过的宫保鸡丁可能是配着黄瓜炒的，还放糖，醋也放得比较多。对他而言，宫保鸡丁的味道就是酸酸甜甜的。

假如这个人在某一天去了四川，当他吃到完全不放黄瓜而且味道麻辣的宫保鸡丁时，他会有何反应呢？要么觉得好吃，要么觉得不好吃。但好吃与不好吃是如何来界定呢？如果他说好吃，那么他的判断也只是与自己过去的经验比较而来的；反之，如果他说不好吃，也同样是与过去的经验进行比较的结果。也许他觉得这盘宫保鸡丁口味过于麻辣了，所以不好吃；但是对于四川人来说，它确实是很地道的宫保鸡丁。因此，这只能说他不适应这种口味而已。好吃与不好吃，都受我们以往经验的制约。一道菜如此，生活中其他事物给我们的感受不也如此吗?

因为有比较，所以好与坏、美与丑、善与恶、高贵与贫穷、豁达与狭隘等概念便产生了。我们认为好的，就会产生好的感受。我们认为坏的，就会产生坏的感受。我们所有的喜怒哀乐，都是内心经验与现状比较的结果。

有一个非常经典的寓言故事叫《盲人摸象》，大家也许都听过，但此刻我仍然想邀请你换个角度来重新品味一下这个故事。

> 话说，有一天，街上来了一头大象。几个盲人听了之后，非常好奇，特别想知道大象长什么样。于是，他们拦住了赶象人，请求让他们摸一摸大象。第一个盲人迫不及待地摸到了大象的耳朵，他说:“我知道了，大象又大又扁，就像一个大簸箕。”另一个盲人听了之后，也争着向前摸，他摸到了象腿，接着急忙反驳说:“你说的不对，大象又粗又圆，像一根柱子。”最后一个盲人很疑惑，蹑手蹑脚凑向前，结果他摸到了大象的长牙，哈哈大笑说:“你们说的都不对，大象明明就像我们吃过的长萝卜嘛。”

我们会觉得故事中的盲人很可笑，但是相比之下，现实中的我们，不也都是在依照过去所形成的内心经验来判断眼前的景象吗?

你所喜欢的美，仅仅是你内在经验的投射。确切地说，你喜欢某人，也许你会称赞他的诸多优点。但你所认为的优点，在别人看来很可能就是缺点。而你之所以喜欢他，只不过是你透过这个人，在他身上“看”到了你自己内心喜欢的经验或感受。“情人眼里出西施”就是这个道理。生活中，其他引起我们内心喜怒哀乐的东西又何尝不是一样的呢？

黄波是一名学习成绩优异的大学生，他在同学们看来非常优秀。当然，所谓的“优秀”，也都是同学们比较的结果。尽管同学们都羡慕他，老师也很看重他，但他却有一个无法言语的苦恼，那就是他在人际关系方面有障碍。他总想搞好人际关系，但又总是很容易就感受到伤害。他要么指责周围的人总是针对他、忘恩负义，要么就指责自己不够好、没有心机。

为了搞好关系，黄波努力寻找机会和别人亲近。一个周日的清晨，他和一个同学相约去几公里外的地方爬山。上了公交车后，他找到了一个两人的座位，自己便坐在了靠窗的那个座位。当他叫同学坐到自己旁边时，同学拒绝了，说：“你坐着吧，我喜欢站着。”

这件事本身无所谓好与坏，同学愿意坐就坐，不愿意坐，那就尊重他的想法，但黄波却陷入了惯性思维的纠结中。他开始琢磨：“为什么同学不坐在我旁边？是不是讨厌我？是不是我没有让同学坐在靠窗的座位，所以他生气了？或者是不是因为早上吃早点的时候，我没有跟他争着结账呢？”

黄波一边猜测，一边观察站着的同学。他发现同学面无表情地盯着车窗外，于是他认定同学一定是生气了，而且一定是因为没有让他坐在窗边的座位。想到这里，黄波内心顿时生起了愤怒，他觉得这个同学实在太小气了，自己在学习上帮了他那么多，每次从老家带回好吃的都不忘给他一份，他竟然为这么一点小事就生气了！

紧接着，黄波便在心里给这个同学贴上了“自私”“狭隘”“忘恩负义”等标签，并陷入了过去一连串令他感到不愉快的事情中，越想越生气。此时，他的情绪已经不仅仅是来自当下，还带上了过去积压的情绪。

为了不表现出来，他还是强忍住了怒火。可虽然他忍着，但他的表情却完全像要吃掉人似的。

来到山脚下后，他的情绪似乎有所减退，因为他感到尿急，顾不上与之纠缠了。

两个人开始爬山，但黄波想验证一下同学是不是自己所想的那样。然而，当他去想的时候，之前压下的情绪又被勾起来了。内心的猜测以及愤怒纠结的情绪，影响了他登山的步伐。同学看他有气无力的样子，便开玩笑地说：“早晨没吃饱饭吗？刚开始就爬不动了？”

黄波听到这句话后，内心怒气顿生。他认为同学是在找碴儿嘲笑自己。他确信，同学就是自己所想的那样。愤怒的情绪冲上喉咙，尽管如此，他还是竭力地控制着情绪，立刻回了一句：“就算没吃饭也不会落在你后边。”声音带着十足的火药味。之后，虽然他们还是按计划爬到了山顶，但黄波一路上沉默寡言，把整个过程的气氛搞得非常凝重，让那位同学如“丈二和尚摸不着头脑”，只好退避三舍。

之后过了一段时间，班里几个同学相约一起出去游玩。同学们都兴冲冲地涌上了公交车，各自找好自己的座位，但黄波发现，之前令自己感到愤怒的那位同学还是站着，尽管旁边还有空余的座位。看到这个情景，黄波顿时意识到是自己误会了他，心中压抑的情绪顿时消散了很多。可接着，他又陷入了自责，于是“小心眼”“狭隘”等自我评判的概念接踵而来，被黄波一一安放在自己头上。

这是一个真实的故事，其实我们在生活中又何尝不是这样，总是重复着类似的模式呢？

我们的“看法”很有趣，它完全受过去经验的支配，而忽略了当下的客观实相。我们总是将自己的内心经验投射在已发生的或是未发生的事物上并加以强化，进而做出习惯性的反应。我们还总是带着过去的经验，以偏概全地看待眼前的现象。如果我们能常常保持一颗觉知的心，对自己当下的所思所为保持觉知，就不会让情绪发生多米诺骨牌式的连锁反应。

比较产生自卑

老子讲：“天下皆知美之为美，斯恶已；皆知善之为善，斯不善已。故有无相生，难易相成，长短相形，高下相倾，音声相和，前后相随。”这句话的意思是，天下都知道美之所以为美，于是就有了令人嫌恶的丑；都知道善之所以为善，于是就有了反面的不善。所以，有与无相互突显，难与易相互促成，长与短相互显现，高与下相依而存，音与声相互陪衬，前与后相互照应。

继续拿美的概念来讲，何谓美呢？也许你会说出种种标准，但你所谓的标准，也只不过反映了你的看法。当然，也有可能，大多数人的看法和你的一样，或者你的看法代表了当前的主流，但这就是美的真正标准吗？

所谓的主流，也只不过是某些社会在一定时期内约定俗成的一种规条、一种观念而已。就像我们前面提到的女性美。在当今的社会来说，胖可能不是美的条件；但我们都知道，唐朝时期的女性却是以胖为美的，杨贵妃就是一个胖美人。那为什么不是张贵妃的瘦，李贵妃的高个子或是其他呢？因为皇帝李隆基最喜欢的就是杨贵妃，所以举国上下都在追崇杨贵妃的胖。在当时，胖就是主流。而所谓当时的主流，也只不过是人们对权势的崇拜，认为皇帝喜欢的，就是好的，就是对的。

随着时代的变迁，随着西方文化和思潮的逐步渗入，我们的价值观、审美观也悄然改变了。我们学会了带着新的标准去看待、比较眼前的一切。从房子、车子、工作、穿着、老公、老婆再到孩子等，一切都在被不断地比较着。

据说，从前有一位高傲的武士，前来拜访一位禅宗大师。当他看到大师慈祥淡定的面容时，骤然变得紧张自卑。

武士说："大师，不知道为什么，在见您之前，我是很自信的，但是当见到您的一刹那，我突然感到很自卑。以前，我从没畏惧过任何人、任何事，不论是在战场杀敌，还是面对死亡或困难的窘境，我都没有紧张恐惧过。"

大师慈祥地看着武士说："你看看窗外的这两棵树，一棵高耸云天，而它旁边的这棵小树，还不及它的三分之一高。它们已经并存几十年了，从来没有出现过任何问题。这棵小树也从来没有因自己比旁边的大树矮而感到自卑，也从没向大树抱怨过'为什么你比我高'。"

武士低着头说："因为它没去比较。"

大师慈祥地答道："年轻人，你的问题就出在这里。"

20 年前，开着夏利车，我们还是觉得蛮神气的；可 20 年后的今天，再开夏利车，有些人就会觉得掉身价，抬不起头。究竟是这种车本身让我们掉了身价，还是我们在用世俗的看法来比较呢？

我们并不是要批判这种世俗的看法，毕竟所有人都活在世俗中，当然是要与时俱进。但如果说这种与时俱进给你带来了压抑、沉重或自卑的情绪，让你内心无法保持平静，那么你要知道，这只是你所选择的一种看法而已，它并不是客观的。

你需要觉知的是，存在本身是没有意义的。所谓的意义，都是人所赋予的。当一种看法或认识给你带来了不安或焦虑，那么你可以选择用任何一种让自己轻松平静的看法，重新看待事物。因为没有任何人要求你必须要以某个固定的视角来看待世界，一切都取决于你自己的选择。

只有平静才是真实的，如果一种看法给你带来了焦虑、不安，那么这种看法一定是偏颇的。你是这样，别人也是这样，大家都是这样。既然是偏颇的，就不是绝对真实的。不是绝对真实的，你又何苦执着不放。当你在自己的看法背后能存有这一念时，你就是觉知的。有了觉知，你的内心就是自由的。你可以继续坚持以往的看法，却不会执着于它。因为你可以这样看，也可以那样看，只要你感到轻松自在，一切就都是可以的。

什么才是标准

我们都知道马路上的靠右通行制，这在中国就是标准的交通规则。然而，在英国或日本等国家的通行制是靠左的，就连驾驶座都是左右相反的。原来我们一直认为无可争议的通行制，但在这些国家却是违章的。

谁会在大庭广众下穿病号服呢？曾有某位知名演员在去戛纳国际电影节的路上，穿了一身酷似病号服的衣服在机场亮相。不知道的会以为她刚从医院出来，然而那却是她郑重其事的装扮。也许在别人看来这种装束有些另类，但我倒觉得这种打破常规的心态是值得称赞的。有谁规定，蓝白条搭配的衣服就是病号服呢？这种因循守旧的观点，也只是我们的一种选择。

如今，牛仔裤是一种休闲的穿着，但是你是否知道，牛仔裤的发明者李维·施特劳斯最初是针对矿工来设计牛仔裤的。不过，你现在绝不会认为穿牛仔裤的人一定是矿工或是干粗活的人。

究竟什么才是标准呢？婴儿时期，对于出现在我们眼前的一切东西，我们都毫无评判地接受，因为我们不知道比较和分辨。所以在那时，我们眼里无所谓好与坏、对与错、美与丑、善与恶……一切都使我们感到好奇，一切都是那么有趣好玩。那时的我们对自己本来的样子也是完全地接纳和喜爱，完全不会因为皮肤的黑白而讨厌自己，也不会因为眼睛的大小而感到烦恼，更不会因为胖瘦而感到自卑。当然，我们也不会因为一个人的权势和财富而对他另眼相看，因为在我们的眼里一切都是平等和美好的。

然而，随着成长，我们的心渐渐被各种社会价值体系画上了无数的界限。我们从没有怀疑过内心的界限，并始终信以为真。在我们看来，自己感受到的就是真实的、标准的，因为我们会把自己所认为的真实或标准，同现有的社会价值体系相印证。有意思的是，我们都能对号入座。我们忽略了自己所认定的标准，也只不过是在社会约定俗成的某种价值体系内打转而已。所谓的标准，很多时候搅动了我们内心的平静，我们却仍然固执己见，因为我们不敢放下头脑里所认定的标准。就像下面这个故事里的老鹰，它原本可以展翅翱翔，却以鸡的身份活了一生。

一个男孩在山林间玩耍，偶然在老鹰窝里发现了一枚蛋，于是将蛋带回了家中。为了避免老鹰蛋被碰破，男孩将蛋放到了鸡窝里，但之后便忘掉了此事。

没过多久，老鹰蛋随同鸡蛋一起被孵化了。看着身边的小鸡，小老鹰以为这就是它的兄弟姐妹，给它温暖的就是妈妈。小老鹰从来没有怀疑过自己的身份，同其他所有的小鸡一样叽叽叫，一样在地面上行走，就连飞也和鸡一样半跑半飞，跌跌撞撞。

慢慢地，小老鹰长成了成年的大老鹰。在岁月的流逝中，这只老鹰无数次仰望过在天上展翅翱翔的鸟，内心很是羡慕。它多么希望，自己也能像那些鸟儿一样遨游天空。可是一想起自己鸡的身份，就觉得自己是在痴心妄想。就这样，它不断压抑着自己内心的冲动，继续像其他鸡一样生活着。

有一天，它忽然看到就在自己头顶不远的上方，飞着一只和自己长得完全一样的大鸟。看着那只大鸟优雅的身姿和美丽的翅膀，在天上毫不费力地滑翔，它既羡慕又感到意外。它也很奇怪：怎么会有和自己一样的鸟？于是就问旁边的鸡，鸡回答道："那是老鹰，百鸟之王。它属于天空，而我们是鸡，属于地面，没有办法像老鹰一样飞翔。"

从那以后，这只老鹰无数次梦到自己像老鹰一样在天空自由飞翔，无数次产生要飞起来的冲动，可是它却一直没有这么做。它完全被困在自我身份的认同上。这只老鹰一辈子都没有飞起来，最终抱憾终生。

看看现实中的我们，又何尝不是很像这只老鹰呢。我们完全不去觉知自己真实的本性，而是带着世俗的限制性观念，去看待自己、看待他人。也许有些人宁愿选择像这只老鹰一样，可以乐在其中，只要他感到轻松快乐，这也没什么不好。但如果某种生活方式或者说某种观念信条已经给我们带来了烦恼和压抑，就说明我们出了问题，违背了生命的真实标准——爱与平静。因此，我们必须放下种种自我限制，活出真实的自己。

觉知让我们变得清醒

我们一直以为自己是清醒的，但很多时候我们却处于混乱中。我们日常的所思所想、所作所为，看上去都是为了让自己更好，为了获得更多的满足和快乐。但奇怪的是，拥有了满足和快乐后，内心的空虚依然未能填满，我们永远都觉得还不够。贪婪的欲望有时会让我们丧失理智，做出损人利己的事情，接着又让我们陷入恐惧和自责中。这并不是说我们一定要为他人负什么责任，关键是我们内心不会感到好过。难道这样的我们是清醒的吗？

有时，我们倒也感到了满足和快乐，但幸福的感觉却是那么短暂。就像吸毒一样，药劲过后，又无法控制地去吸食，完全被这种毒瘾所控制，所谓的满足和快乐很快就变成过眼云烟。遗憾的是，我们往往沉浸在这种虚幻的满足中，并把它视为真实的。毒瘾已在慢慢地蚕食我们的健康，但我们没有清醒意识到。直到有一天，身心已不堪忍受了，才猛然警醒。

我们也常常想要改变，可真要改变已经习惯的模式时，我们的内心又仿佛有某种不安，似乎有各种声音不断地提醒我们："真的可以这样吗？这个方式行得通吗？它适合我吗？别人会怎么看我呢？"在成长的过程中，往往唯有经历风雨才能见到彩虹。我们只有坚持用觉知去关照自己的感受及想法，才能以健康平和的方式去拥抱生活。

有人可能会说，在这个浮躁与不安的社会，我们必须抓住更多，这样才能安全，才能得到肯定。

说到底，追逐功名利禄的根本，都是内心空虚的表现。简单来说，都是对爱和关注的一种诉求。不管是哪个方面的匮乏，它都是指向心理的，无一例外。我们越是觉知到这一真相，就会变得越清醒，而不会被世俗观念或是传统陋习冲昏头脑。因为内心真正的安宁不是来自外在，而是出于我们的内心。

我曾看过这样一个故事：

据说，有个小偷非常想变成一个好人，可是他无法改掉自己偷盗的恶习。他曾拜访过多位高僧，大师们都强调首先要停止偷盗的行为，这是改变的第一步。这个小偷努力过多次，但最后都失败了。

一次，小偷听说有一位伟大的智者叫龙树，他拯救了无数人的灵魂。小偷不远千里找到了这位智者，一看到他那优雅淡定的举止，小偷就敬佩不已。

他凑上前问龙树："师傅，我是一个小偷，不知道我是否也可以变成一个好人。"

龙树慈祥地说："任何人都可以改变。"

小偷继续问："师傅，但是我首先要声明一下，我无法停止偷盗，也放弃不了小偷这个行当。我曾找过多位高僧，他们都要我首先停止偷盗行为，我也努力尝试过，但最后都失败了。我已经接受自己是小偷这个命运了，所以，除了叫我停止做小偷外，其他条件都可以。"

龙树笑道："不要有任何的担心。你做什么行业，我都不在乎，只要你有改变的愿心就够了。"

小偷听了很高兴，心想："这回我算是找对师傅了。"

龙树正式收小偷为门徒，经过几天的修习后，龙树对他说："你现在可以去做任何你想做的事，包括去偷别人的东西。但是你必须遵守一条规则，在做这个事情的时候，你必须要保持觉知，带着完全的觉知去做。"

小偷高兴地说："没有问题，我会试着按照您说的去做。"

几个星期过后，他回去对师傅说："我很诧异，师傅，当我保持觉知的时候，我发现自己无法去偷别人的东西。如果我偷的话，就没有觉知了，我现在很矛盾。”

龙树回答：“不必再提你是小偷这件事，我不在乎这个。如果你想有觉知，由你自己决定。如果不想，也由你自己决定。”

小偷吞吞吐吐地说：“就在几天前的晚上，我溜进了皇宫，撬开了金库。只要我偷走那些珠宝钻石，我就会变成非常有钱的人。但您所说的‘保持觉知’一直在我心中回荡，当我有觉知时，面前那些珠宝钻石对我而言，只不过是不同颜色的石头而已，也没有贪婪的欲望了。但当我没有觉知时，它们又变得那么有诱惑力，我的内心反复经历了这样的挣扎。”

小偷接着说：“有觉知时，我无法去偷那些珠宝，内心仿佛有个强烈的声音在对我说，‘你难道要为一些石头而丧失自己吗？这是多么愚蠢可笑的事情！’没有觉知时，那些珠宝又变得那么秀色可人。但最后，我舍弃了这种诱惑，选择了带着觉知，拒绝因这些身外的幻象而丢失自我。”

故事中的小偷是幸运的，他得到了智者的点化，最终没有丧失自我。但生活中的我们，又如何才能清醒、真实地活着呢？

行动本身没有意义，想什么、做什么也并不要紧，关键是我们要去觉知这背后真正的动机是什么。

不管我们想要什么样的物质生活、什么样的家庭关系或是什么样的事业目标，抑或是其他种种，都无可厚非。只要是我们想要的，就都可以努力争取。但是只有保持觉知，我们的生活才会是健康和喜悦的。

第6章

七天自我疗愈法

七天自我疗愈法的具体步骤

在生命的进程中，我们总是会遭遇各种未知和不如意的事情，有时是快到手的订单被对手抢走了，或者孩子考试又不及格，又或者被领导无缘无故地臭骂了一顿，再或者是没有考上公务员……消极情绪不仅会破坏我们的身心健康，更使我们无法淡定从容地应对事情。如果我们能保持一颗平稳的心，那么一切问题都将不再是难过的坎。一言以蔽之，懂得处理好自己情绪的人，自然会懂得处理好生活中的事情。然而，当紧张、焦虑、抑郁等消极情绪持续存在时，如何快速有效地化解它们，这是我们共同关注的问题。

既然是问题，就必然有解决的方法。以下便是一套“七天自我疗愈法”，这是一套具体的练习方法，只要我们认真练习，那么即使是比较顽固的消极情绪，也会得到有效的改善。

第一天

| 早晚各做一次观息法练习 |

早晨起床后及晚上睡觉前，各做一次观息法练习。时间以 20 分钟为基础，若能延长，效果更佳。

◇ 练习内容

1. 选择一个安静的不会被打扰的环境。

2. 双腿盘坐，保持腰背挺直，闭上双眼。

3. 将注意力专注在呼吸上。

4. 以平等心的原则去观察（觉知）当下呼吸的进出，对于当下的呼吸状况和头脑中的念头不做任何判断、分析、联想和纠缠，就只是如实地观察呼吸。除此之外，不掺杂任何技巧。

| 誓言法：“我要换个活法”主题练习 |

反复诵读誓言练习内容，每天练习累加 30 分钟以上，且越长越好。每次练习持续时间越长越好。

◇ 誓言法第一天誓言

我要换个活法。

今天，我停止一切对自己的批判。

如果连我自己都不接纳自己，那么还有谁能接纳我呢？

今天，我停止一切对自己的责备。

如果我有预知能力，那么我可以做好一切，但我只是一个平凡的人，我已经在能力范围内做到最好。

今天，我停止一切指责和抱怨。

一切人、一切事的发生及变化，既不是偏好某人，也不是敌对某人，因为一切都是因缘和合而来，因缘消散而去，我所要做的就是允许和接纳，就是保持平等心。

今天，我停止一切比较和嫉妒。

人生不在于比他人多什么、有什么，也不在于比他人少什么、缺什么，人生的意义是，只要爱自己、接纳自己就够了。

今天，我停止一切敌意和怨恨。

每个人都活在自我局限的认知中，活在自我尊严的保护中。

我也同样，但从今天起，我愿意以宽容之心去看待一切产生的敌意和怨恨，因为，我宽容了我自己。

我不再去排斥一些人，我不再去排斥一些事。

也许我还不能完全做到接纳，但至少我可以做到停止评判。

自然、自由、自信、豁达、宽容、平静、爱、慈悲，这才是我。

◇ 誓言法练习的注意事项

1. 誓言练习时可以默念、读出声或是大声读出来，尽可能符合你当下自身的感受。

2. 尽可能用心诵读，尽量避免口里在读，心里却想着别的事情。

3. 也许某个句子并不符合你当下的状况，不要忽略它，更投入地去念你有感受的句子即可。

4. 不对这些句子进行逻辑思考和判断，只是投入情感去诵读。

5. 不去寻求某种效果或感受，让一切顺其自然。

6. 不可在观息法或是其他练习中掺杂此练习。

7. 每天练习时间累加 30 分钟以上，越长越好，且每次练习持续时间越长越好。

| 情绪废纸篓游戏 |

准备几张白纸，把当下最困扰你的人或事，还有你当下的心情，都写在纸上。写得越多越好，越详细越好，情绪越大，字可以写得越大。一张写不完，可以换一张纸接着写，直到你认为把自己的情绪都写出来了。写完后，用力把纸撕碎，揉烂，然后扔到纸篓中。

做完这个游戏，用一个词来形容你的心情或感受。

| 情绪平衡法练习 |

白天的其他时间，若出现消极情绪，反复进行情绪平衡法练习。练习时的注意事项详见相关章节。

◇ 练习内容

吸气：我看到“你”的出现

呼气：我允许“你”的出现

吸气：我接受“你”的出现

呼气：我现在愿意释放“你”

第二天

| 早晚各做一次观息法练习 |

练习内容及注意事项与第一天相同。

| 情绪平衡法练习 |

白天的其他时间，若出现消极情绪，反复进行情绪平衡法练习。练习内容及注意事项与第一天相同。

| 誓言法："我要换个活法" 主题练习 |

反复诵读誓言练习内容，相关注意事项与第一天练习要求相同。

◇ 誓言法第二天誓言

我要换个活法。

我放下一切的悔恨和忧虑，过去的已经过去，未来尚未发生。

若我悔恨过去的不该发生，此刻，我是在伤害我自己，

若我忧虑未来会发生什么，此刻，我是在伤害我自己。

我知道人无法重演过去，我知道人更没必要担心未来。

自然法则所教导的是，活在当下，

只要活好当下，就会创造我美好的未来。

此刻，我种下担心，我收到的必定是担心，

此刻，我种下平静，我收到的必定是平静，

此刻，我种下恨，我收到的就会是恨，

此刻，我种下爱，我收到的就会是爱，

此刻，我种下什么，未来我收到的必定就是什么，

如是因，如是果，这就是自然定律、因果法则。

我已觉醒，我决心改变，

不管我产生了多么不好的念头，

任它升起，任它流动，我都不再参与、不再评判，不再对

抗，就只是保持平等心。

因为，我知道念头本身不具有任何意义，

只有我认可它，它才具有意义。

因为，我知道念头是无常的，它升起了，用不了多久就会消失，只有我对它纠缠不放，它才会愈演愈烈，造成影响。

不管我产生多么不好的情绪，

任它升起，任它流动，我都不再参与、不再评判，不再对抗，就只是保持平等心。

因为，我知道情绪本身不具有任何意义，只有我认可它，它才具有意义。

因为，我知道情绪是无常的，它升起了，用不了多久就会消失，只有我对它纠缠不放，它才会愈演愈烈，造成影响。

一切的念头、情绪，不管多么不好、多么不舒服，都不代表什么，更没有好与坏。

它们都只是产生到消失的无常变化现象，没有恒常不变，一切皆是无常，

我所要做的就是保持平等心，如此，我就是在种下平静，我就会获得平静。

平静即是爱，平静即是宽容，平静即是慈悲。

保持平静之心，就会让我回归自由、自信、乐观、快乐的生命本真。

第三天

| 早晚各做一次观息法练习 |

练习内容及注意事项与第一天相同。

| 情绪平衡法练习 |

白天的其他时间，若出现消极情绪，可以反复进行情绪平衡法练习。练习内容及注意事项与第一天相同。

| 誓言法："我要换个活法"主题练习 |

反复诵读誓言练习内容，相关注意事项与之前练习要求相同。

◇ 誓言法第三天誓言

我要换个活法。

我决心放下，放下过去一切限制我的旧思想，

人生没有应该这样，必须那样的标准，

自然法则一向都是包容、尊重和平等的，

从现在起，我全然接纳我自己，我全然赞同我自己。

我对自己的爱，不受任何世俗好坏的约束，

不受任何人、任何事的约束，

这不是自私自利，这不是任性妄为，

我尊重世俗好坏标准，但我的心不会被任何规条所束缚，

我的心是自由的。

不管我做了什么，没做什么，它既不代表我好，也不代表我坏，因为，我本性的圆满俱足，不受任何事物好坏的影响。

本性即是自然法则，没有什么能大过自然法则，

有自然法则的陪伴，即使所有人都误会我，疏远我，

即使所有人都不喜欢我，排挤我，

我也能从内心找到理解，找到爱。

过去，我认为名誉才能体现我的价值，

过去，我认为别人的称赞才能体现我的优秀，

过去，我认为别人的认同才是一种肯定，

然而，我所认为的一切诉求，都只因我未看到自己与自然法则的圆满一体性。

谢谢你，我慈爱的自然法则，我已回归你的怀抱。

第四天

| 早晚各做一次观息法练习 |

练习内容及注意事项与第一天相同。

| 情绪平衡法练习 |

白天的其他时间若出现消极情绪，反复进行情绪平衡法练习。练习内容及注意事项与第一天相同。

| 誓言法："我要换个活法"主题练习 |

反复诵读誓言练习内容，相关注意事项与之前练习要求相同。

◇ 誓言法第四天誓言

我要换个活法。

我放下过去的旧思想，当我害怕时，我不再去想，

当我焦虑时，我不再去想，

当我绝望时，我不再去想，

当我有一切难过的想法和感受产生时，我都不再去想，不再去纠缠，

我知道内心的安宁无法靠头脑的"想"来获得，

我只要保持平等心就行了，自然法则自会为我处理好一切。

过去，我容易因别人的评价、因外界的事情受到伤害，

但现在，我正在改变，因为我已明白，没有哪个人、哪句话、哪件事可以真正伤害我，只有我内在的批判心才会伤害到我。

我愿意学习宽恕别人的过错，

我也愿意学习宽恕自己的过错，

我在这样做，我正在改变。

宽容是我的胸怀，友好是我的善念，分享是我的快乐，

我愿意在我未来的生活中不断地表达这些好的品质，

因为这是我的快乐，我正在改变。

我不再以自己的标准要求他人，

我愿意学习允许和包容，我愿意尊重当下自己的方式，

我也愿意尊重别人当下的方式，我正在改变。

我感谢我的身体，我完全信任你，我的身体，你是智慧的、你是聪明的，无论在任何情况下，你都懂得保护好自己，谢谢你，我可爱的身体。

第五天

| 早晚各做一次观息法练习 |

练习内容及注意事项与第一天相同。

| 情绪平衡法练习 |

白天的其他时间若出现消极情绪，反复进行情绪平衡法练

习。练习内容及注意事项与第一天相同。

| 誓言法："我要换个活法" 主题练习 |

反复诵读誓言练习内容，相关注意事项与之前练习要求相同。

◇ 誓言法第五天誓言

我要换个活法。
过去的我，
习惯了凡事先从坏处想，
习惯了怎样避免差错，避免坏事的发生，
习惯了怎样保护自己，不被伤害。
过去的我，
习惯了去寻找一种所谓的“好”，
习惯了去排斥一种所谓的“坏”。
过去的我，
总是需要通过反复思考才能做出决定，
总是担心做错什么令自己感到后悔，
总是想着要怎样才能和他人处好关系。
然而，这一切都只因我未看到我与自然法则的一体性，
如今，我已回归自然法则，

我只愿活在当下，对我所经历的一切保持平等心。

在自然法则下，没有什么会做得不好，也没有什么会做得不对，更不需要做些什么来证明自己。

从今天起，我完全信任我自己、完全认同我自己，

自然法则的接纳、爱、慈悲、善意早已充满我的内心，

无论我做什么事情，只要遵从当下的感受就行了。

我是这样善待自己的，所以，我也要以同样的方式对待他人。

我愿以理解和祝福取代批判和担心，

我愿以宽恕、理解和祝福取代批判、掌控和担心。

因为，我已回归自然法则，

因为，我已决心以平等心为我人生的一切准则。

第六天

｜早晚各做一次观息法练习｜

练习内容及注意事项与第一天相同。

｜情绪平衡法练习｜

白天的其他时间若出现消极情绪，反复进行情绪平衡法练习。练习内容及注意事项与第一天相同。

| 誓言法："我要换个活法" 主题练习 |

反复诵读誓言练习内容，相关注意事项与之前练习要求相同。

◇ 誓言法第六天誓言

我要换个活法。

我会产生各种不好的念头，

但我知道，念头只是念头，它不代表我，它产生又会消失。

我会产生各种不好的情绪，

但我知道，情绪只是情绪，它不代表我，它产生又会消失。

当我状态不好时，我知道这只是一种状态，它不代表我。

它是暂时的，它是无常的，只要我不纠缠它、不对抗它，它自会消失，因为，我知道，一切皆是无常变化。

经由学习，我深深知道，内心的真正强大，

不在于能够消除什么、掌控什么，

而是不论有多么不好的情绪产生，都可以允许它，接受它，不纠缠、不对抗，就只是保持平等心。

我正在改变，

做事情时，我可以放松、放慢，

讲话时，我可以放松、放慢，

与人相处时，我可以放松、放慢。

总之，不管我在生活中的何种情况下，

我都可以放松、放慢来增强我的觉知。

我已经感受到了喜悦。

最重要的是，

我不再需要为了让别人认同自己，去刻意做些什么，

我也不再害怕自己表现不够好，影响别人对自己的看法，

人生的真理是接纳自己，爱自己就足够了。

是的，我接纳我自己，我爱我自己。

第七天

| 早晚各做一次观息法练习 |

练习内容及注意事项与第一天相同。

| 情绪平衡法练习 |

白天的其他时间若出现消极情绪，反复进行情绪平衡法练习。练习内容及注意事项与第一天相同。

| 誓言法：“我要换个活法”主题练习 |

反复诵读誓言练习内容，相关注意事项与之前练习要求相同。

◇ 誓言法第七天誓言

我要换个活法。

我已不再是过去的自己，

因为我找到了自然法则，

找到了我真正的心灵归宿。

我为此欢喜且感恩，

感谢您的恩赐，感谢您的护佑，

因为有您，我认出了圆满的自己，我不再恐惧、不再孤独、不再委屈。

我知道，

在自然法则内，根本就不会有烦恼的存在，

所有的烦恼都只是人为制造的，我岂能再做自寻烦恼的人呢？

从今以后，我会对一切所谓的“烦恼”保持平等心，就只是保持平等心，

我知道自然法则自会为我处理好一切。

我的未来充满美好，

因为我面对的是自然真理，而不是混乱黑暗，

我追求的是正向、健康，而不是过度放纵。

我接纳我自己，我爱我自己，我生命中的一切都将越来越好。

在自然法则内，发生的一切，以及我所遇到的一切，都只是对的和好的，

我心怀感恩，每天我都很容易对生活中发生的事感到开心和有趣。

这就是我，这就是我。

谢谢你，我爱你。

实际案例

坚强、坚信、坚持，终将走出心灵的泥潭！

一次意外引发了我持续的失眠。自我挣扎很长时间后，焦虑症和强迫症随之而来。不曾想，这个烦恼困扰了我将近 20 年，期间反反复复，苦不堪言。想过去医院看心理医生，却发现一般地市的三甲医院其实并没有真正的心理疾病科室，加上自己对于镇静类药物十分畏惧，最终还是不了了之。

多年前，父亲罹患绝症，我与家人四处求医，来回奔波，想尽了各种办法，然而父亲终究未能战胜病魔，一年多后病逝。这件事摧垮了我心里的最后防线，使我整个人濒临崩溃：睡与不睡一个样，常常睡醒之后感觉更加疲惫；极度胸闷，胃部痉挛，无法化开；敏感，凡事往坏处想，听到、看到不好的事情会不自觉地对号入座，不断地陷入各种恐慌中且无法自拔。

那时，世界对我而言到处是一片黑暗，我内心充满了恐惧。当我要从家里去单位上班时，仿佛对面是个黑洞，各种恐怖都在等着我，一种抽象的恐怖不断地蔓延。那时，我的内心住着两个我，一个还残存着理智的我，一个散发着恐惧的我，两个我在沼泽中对抗着越陷越深。就这样，我浑浑噩噩地过着每一天。

偶然间，我在微博里看到有人介绍了一本关于抑郁症医治的书，我猛地一激灵：我可以想办法改善自己的这种状态啊！我迫不及待地在网上搜到了这本书，书是一个欧洲人写的，传播得并不广，而且翻译得比较粗糙。但是书中关于抑郁症的分析，我个人觉得是比较正确的，某些地方还颇有些针对性。于是，我按照书中的分析和我的理解，开始了自我调整。不过，我所做的这些努力却收效甚微。现在回想起来，问题在于这本书仅仅告诉我，我目前的状况是怎么回事，至于如何改变这种状况，书中的只字片语是远远不够的。但这本书带给我的意义却是重大的：只要你愿意去改变，不坐以待毙，总能找到办法。

我找到了李宏夫老师，看到了李宏夫老师的文章——《破茧成蝶，抑郁重生》。那天，我不记得自己看了多少遍这篇文章，我把它打印下来，逐字逐句地琢磨。我相信那些与我有相似经历的人第一次看到这篇文章都会和我一样，因为我们看到的是希望。

我关注了李老师的公众号，里面关于抑郁、强迫的每一篇文章，病友的每一个心声，我都会细细地研读。动情处，我也会躲在角落里偷偷抹一把眼泪。

我购买了李老师的《战胜抑郁》这本书，反复地读，以至于很多章节，我至今还可以背出来。我开始制订计划，设置日程，按照我自己的作息时间，每天坚持"誓言法""观息法"练习。

一段时间以后，我连着几天睡了将近七个小时的囫囵觉——完整的，甚至有些香甜的觉。"方法是有效的"，这是我脑子里闪现的第一个念头。我参加了李老师的辅导班。当时，我心里充满了希望。

第一次辅导，我很忐忑，其实我最想问的就是我能不能好起来，能不能和正常人一样生活、工作。"没有问题，你一定会好起来的。"这是李老师肯定的回答，犹在耳畔。

接下来的日子就是不断地练习、辅导，练习、辅导，李老师不时地根据我的进度和状态进行方法上的纠正和调整。随着练习的深入，我也逐步发生着变化：恐惧感慢慢减弱，四周弥漫的黑暗渐渐有了阳光。身体上胸闷、痉挛等症状出现的频率越来越低，不适的感觉也在减轻。到后期，辅导过程气氛轻松了许多，李老师有时会像朋友一样跟我聊聊生活，聊聊人生，推荐一些关于自我修养的书籍。

在我写这篇体会的时候，我的生活已经基本回归正轨。平日里，我努力地工作。闲暇时，看看书，陪陪孩子，散散步，偶尔玩一玩电子游戏，我真实地触摸和感受到了生活带给我的快乐。

下面是我个人在练习中的体会和感悟：

一定要坚持，我认为这是最重要的，有了正确的方法而不能持之以恒，就达不到我们想要的结果。

在练习过程中，我们要面对枯燥，长时间静坐，抑制内心的焦虑，反复背诵老师布置的誓言，这些都需要我们咬着牙坚持。

在练习过程中，我们内心深处最不堪的“淤泥”会被一点点挖出来，清理掉。每一次清理都会是一次风暴，让我们痛苦不堪。这种清理是反反复复进行的，贯穿练习的整个过程。如果不愿放弃，那就坚持。你会惊喜地发现，每扛过一次风暴，你都会收获进步。

坚信练习不是一个轻松的过程，我们的不良习性会在练习中不断地滋生各种自我怀疑。

出现反复时，会怀疑自己退步了，怀疑自己最终会不会好，甚至怀疑方法，怀疑老师。我要说的是，坚信自己和老师，不用管它，埋头练习。这种怀疑会随着练习的深入烟消云散。

感悟是我们每阶段练习的收获和成果，是我们最终到达成功彼岸的财富积累。但感悟不是凭空产生的，也不是靠自己“想”出来的。它是通过练习获得的一种量变到质变的结晶。

老师布置的誓言，请一定把它背到信手拈来的程度。我的理解是，誓言不仅仅可以潜移默化地抵消负面思想。很多誓言可以帮助和指导我们，当风暴来临时，如何正确地面对，正确地处理。

我的这些体会，希望能够对你有些许的帮助。

如何区分一般情绪问题和抑郁症、焦虑症等心理疾病

如果你完成了七天情绪疗愈法的练习，取得了良好的效果，

并想获得更多的益处，你可以根据自己的需要，反复以七天的周期进行该练习。

若这个练习并没有令你的情绪得到改善或缓解，一方面你可以认真地检查一下，自己是否严格地按照该方案的各个步骤进行了练习；另一方面，如果你的情绪问题比较严重，已经按照该方案认真地练习了，但情绪并没有改善或是改善很小，那么请你根据以下 10 个条目来测评一下自己当前的状况，看看是否已发展为心理疾病。

1. 情绪持久地低落，如忧郁悲观、兴趣减退、无愉快感。
2. 缺乏价值感，如自我贬低、自责自罪。
3. 对生活缺乏信心，感觉自己什么事都做不好，生活到处都是困难。
4. 凡事总是往坏处想，总是感到紧张、焦虑、担忧。
5. 总是控制不住地胡思乱想、敏感多虑。
6. 思维迟缓，如反应迟缓、记忆减退，总感觉脑子混乱不清晰，像被糨糊堵住或是被什么东西卡住似的。
7. 意志活动减退，如不愿做事、不愿说话、不愿出门、不愿与人接触。
8. 生活懒散，总想赖在床上。
9. 常态化的睡眠障碍，如严重失眠、早醒、易醒、入睡困难或者醒来后无法入睡。

10. 常常伴有躯体症状，如头痛、胸闷气短、心率加快、肠胃不适、没有食欲等。

如果以上条目中有三个或三个以上符合你当前的情况，且程度非常严重，持续时间超过两周，你虽尝试摆脱却无法摆脱的话，就需要引起重视了。此时，寻求专业的心理咨询或心理治疗是非常必要的。

生活就像一个大染缸，每个人的心灵都不可能一尘不染。遇到不顺心的事，难免会产生抑郁、愤怒、焦虑等不愉快的情绪。或是丢了一个钱包，或是与某人的关系破裂，抑或是工作没有做好，总之可能会有种种不顺心的状况导致你情绪低落，这些都是相对正常的情绪表现。

也许有时某种不愉快的情绪一时无法释怀，但用不了几天，这种情绪可能就会被繁杂的日常事务冲淡。即便是某种情绪已令你产生了心结，但只要它们没有严重妨碍你当前的正常生活和工作，就是相对正常的情绪表现。

如果情况特别严重，符合以上的诊断标准，就很可能已发展为抑郁症、焦虑症等心理疾病。

懂得识别抑郁（焦虑）情绪和抑郁（焦虑）症是非常必要的，这一方面可以避免贻误病情，把小病拖成大病；另一方面也可避免对号入座，把正常的情绪反应当成疾病。在我的来访者当中，也有一部分朋友错误地把抑郁情绪当成了抑郁症，最后真的被自己强化成了抑郁症。

阿珍（化名）就是我的来访者中的典型案例。起初，她只是因生活中遇到了一点不顺心的事而产生了抑郁的情绪，但她偶然在电视节目中看到有关抑郁症的报道，引起了对抑郁症的恐惧。于是，她开始到网上不断地收集资料，试图了解抑郁症、焦虑症、强迫症等各种类型的心理疾病，不断地拿自己与之对照。越对照，越害怕；越害怕，越是控制不住地去对照。就这样，她陷入了恶性循环，结果真的被自己强化成了抑郁症。

由于她没有及时接受心理疏导，导致了症状的泛化，她每天都控制不住地去想各种灾难和可怕的事情。看到花圈，就会联想自己会不会得绝症死去；看到数字 4，就想这会不会是某种不祥的预兆；担心自己的孩子和老公遭遇某种不测；总是去想别人如何看自己，谴责自己做得不够好……她整个人都变得异常敏感多疑、焦虑不安。

这是一种可悲的现象。如果网络和媒体能多普及一些积极的心理健康知识，多一些正面的引导，在抑郁症的群体中，至少有 1/4 的人是可以避免患上抑郁症的。所以，遇到类似的情况，最好不要自己对号入座，寻求专业的心理诊断是最恰当的方式。

第 7 章

在无常变化中保持一颗安稳的心

不抗拒无常，才能摆脱痛苦

追求与逃避似乎成了生命的本质，大多数人都成了这两者的奴隶。在不断地追求与逃避的过程中，我们经常处在似乎无法摆脱的痛苦和挣扎中。

我们经常会叹息事情不如意，生命不圆满。例如，要是领导赏识我，要是我有一份好工作，要是某个人爱我，要是我不被抛弃，要是孩子听话，要是我有钱，要是我有房子，要是我有车子，要是我个子高一点，要是我身材好一点，要是……我就会快乐！

我们总是给自己的幸福设定一个前提，但是当一个愿望实现之后，又会产生新的愿望。就这样，我们不断地追求着，既努力又辛苦。当愿望没有实现，或发生不愉快的事情时，我们就会沉浸在痛苦中，不断地用自责、内疚、抱怨、焦虑、恐惧等折磨自己。

痛苦的经验印在心里，我们不愿再次体验类似的经验，不能接受令我们痛苦的事情在生命中再次发生，于是我们想尽办法逃避或消除痛苦。我们经常会想“如果……就太可怕了”“如果……那就糟糕了”“如果……那就是一场灾难”“如果……我可无法忍受”“如果……那就全完了”，我们不断地在头脑里制造恐惧和焦虑，然后又想方设法逃避或排除幻想中的灾难。

生命的本质就是不断地变化。生命无时无刻不在流逝，并且没有一刻与之前一样。从婴儿、孩童、少壮直至老死，自然界草木的萌芽、成长、开花结果直至枯萎、凋落……无尽的变化揭示了宇宙的本质——“无常”。

什么是无常呢？“无”是没有，“常”是固定不变，“无常”就是没有固定不变的意思。也就是说，宇宙间所有的事物都处在不断变化中，没有保持一种状态不变的。头脑中产生了一个念头，接着消失了，然后又产生了新的念头，然后又消失了，就像平静的湖面冒出了几个气泡，转眼间又破灭了。昨天我们还是妈妈怀抱里的娃娃，今天我们已长大成人。细小的树苗不断变化，如今已长成了参天大树。看一下你自己，看一下周围的事物，再看一下这个世间，有哪一样不是在变化着。这一切都说明了一个真相，有一个无常变易的法则。

我们只愿意接受心里所执着的好，却完全不能接受无常的真相。当一朵花凋谢时，我们不会太难过，因为我们知道花开花谢，这是自然变化，这原本就是“无常”。但是，我们却无法面对自己或亲人所遭受的“无常”，所以当亲人离去时，我们会悲痛不已。

“无常”是自然界的规律，是世间事物的真相，也是人类种种烦恼和痛苦的症结。无论你是一个多么健康的人，都会有衰老死亡的时候。无论你多么渴望成功和欢乐，都还是会遇到失败和悲伤。当我们拥有什么的时候，便开始执着于它，我们希望永久地拥有它，永远保持不变。可结果却是越执着就越痛苦。我们忽略了无常的法则，忽略了万事万物有阴就有阳，有正就有反，有成功就会有失败，有欢乐就会有悲伤。这种自然界的规律法则不是我们个人所能掌控的，然而我们却拼命地与其抗衡，以至于内心产生了种种对抗和痛苦。

“无常”似乎令人难以接受。它让我们拥有，又让我们失去；它让我们喜悦，又让我们悲伤。它总是在变幻莫测中夺走我们所执着的幸福，而我们却显得手足无措。难道无常就是要让人痛苦吗？这绝不是佛陀所开示的无常的法义。相反，佛陀是要让我们认识无常，看透无常，超越无常；让我们懂得该以什么样的态度面对无常，懂得怎样在无常的得失间保持一颗平衡安稳的心，懂得怎样消除因执着而产生的种种痛苦。

事实上，无常为我们揭示了一种现象的“转变”。世间所有的事物都处在这种现象中，黑暗过后便是黎明，悲伤过后便是喜悦，失去过后便是拥有，失败过后便是成功。从生到死，从忧到喜，从恨到爱，从失到得，有哪一样不是处于开始和结束间的交替转换呢？

所有的痛苦都是无常的，我们只需要放下对痛苦的逃避，痛苦自然会消失在无常中，平静自然会浮出水面。当然，所有我们所执着的幸福，有一天也是会改变的，因为它们也是无常的。只要我们放下贪求和执着，我们仍然可以享有平静安稳的心，不会因执着而生起痛苦。我们本来就拥有一颗“平常心”，拥有一颗平衡、平稳、平静的心。

不执着于当下的幸福，才不会患得患失

世间万物无一例外，都脱离不了产生、存在、衰变再到消失的无常变化的过程。眼前的事物看上去是静止不动的，然而，只是我们的肉眼无法看到这个变化而已。拿我们的身体来说，平时看似没有变化，事实上，身体的细胞每一刻都处在运动变化中。研究表明，人体细胞大致每 11 个月就会全部更新一次。如果把我们的身体分解成若干个细胞，从这个角度来看的话，可以说人体每 11 个月就会死掉一次，然后又获得新生。身体尚且如此，何况我们的思想和情绪呢？

很多时候，我们抗拒改变，尤其在年轻貌美或是拥有美好的事物及感受时，费尽心思地想留住当下的幸福。然而无常却粉

碎了我们的梦想。我们执着的“好”，不断消失在流动的长河中。于是，“失去”成为我们的痛苦。接着，我们又陷入驱离痛苦的执着中——我们就是这样，不断地陷入幸福与痛苦的双重执着中无法自拔。

幸福和痛苦在性质上是完全一样的，都只是一种感受。它们是因缘聚合的产物。简单来说，它们都是在各种条件相互配合的作用下产生的。然而，在大自然的法则下，所有的一切，包括我们的情绪、感受及想法，都不能免于无常变化的命运。

我们试图抓住一切幸福，使之永恒不变，但无常打破了梦想。我们为何如此执着？这是源于我们对喜欢与讨厌、爱与不爱的一种认知。当我们喜欢一种事物时，我们便会对它展开疯狂的追逐，但无常令我们患得患失。得到时，我们会感到愉快、满足；失去或是失败时，我们便会留恋、悲伤。

一旦遇到我们喜欢的事物，我们就会感到幸福、喜悦，但无常的法则告诉我们，没有一种事物或现象是恒定不变的。我们自己的生老病死不是一个很好的例证吗？我们总是贪生怕死、喜美嫌丑、喜新厌旧、求好厌次。对待事物，总是习惯性地去分别所谓的好与坏。我们认为好的，就拼命追逐；认为坏的，就拼命舍弃。然而，我们却不知道，那所谓的好与坏、喜欢与厌恶本身，也只不过是相对的、无常的。

接受无常，让生命向上生长

请不要以悲观的态度去看待无常。事实上，只有了解了无常法则的人，才会活得积极，才能真正懂得珍惜、热爱自己的生命和生活，才能够更加妥当地去处理一切事情。

俗话说："不懂失去，何来珍惜呢？"当我们懂得拥有的一切都会在因缘聚合中失去时，当我们明白眼前的一切都会无常的变化时，我们又怎会虚度光阴，醉生梦死呢？当我们真正懂得生命只有短短几十年，我们就不会虚耗生命，只会积极进取。当我们懂得人生相聚也终短暂，我们自然会珍惜缘分，互敬互爱。懂得无常，难道是一件悲观的事情吗？这只会使我们更加珍惜当下的拥有，活在当下的喜悦中。

另一方面，虽然一切幸福与快乐终究会消失在无常的变化中，但同样，无常不是也驱散了所有的悲伤与痛苦吗？

我知道你不愿面对幸福的无常，但从另一个角度来说，倘若幸福可以永恒不变的话，人生就会成为一潭死水。因为没有痛苦，幸福也会不复存在。自然万物，一切现象，不就是以阴与阳、正与反、相互转化与对称的形式存在着吗？

如果幸福和喜悦永久不变，我们就将失去知觉，失去对幸福、喜悦的感知，变成麻木的人。正是因为有了无常，我们才得以不断地从痛苦中解脱，才会从混沌、无知中获得清醒和明智。

了解了无常，我们就知道一切事物及现象都只是因缘聚合的过程，我们也就清楚痛苦终将过去。

也许有人会说，了解了无常不免让人感伤，既然一切都终归消失，那么人活着、奋斗还有什么意义呢？我想，持有这种想法的人是过于偏激和消极了。举个例子来说。我们每个人都知道自己终有一天会死去，但是当你走在街上，突然迎面驶来一辆急速奔驰的车，你会怎么办？你会因为知道自己早晚会死去，所以不去躲闪而放弃生命吗？我想你当然不会这样做。你只会珍惜你现在拥有的生命，只会在活着的时候，朝着自己的目标努力着、奋斗着，尽可能使自己活得更好。

进一步来说，无常的法则同时也告诉我们：一切都是可能的。它使我们拥有创造幸福生活的机会。我们可以追求、享受幸福，只是我们知道，幸福也是无常的，不是永久不变的。所以，我们不应以执着的心去强留幸福，因为那只会给我们带来痛苦。

事实上，真正的幸福莫过于时时保持内心的平静和自在。当我们以觉知的心明了无常的现象时，不必要的执着也就自然放下了。当执着放下了，又怎会绝望和痛苦呢？有一句话说得非常好："当你的身体受了伤时，请不要再往你的心里撒上一把盐。"身体受了伤纵然让我们感到痛苦，但只要保持冷静，用正确的方式对伤口进行消炎或包扎就好。若是心理上再产生惊慌或愤懑的话，那就是在给自己制造痛苦。因此，请放下你头脑中的种种诠释吧，如此，你的心灵将会穿越所谓的痛苦，转而获得安定与平静。

如果你是一个上班族，那么你就应该努力、用心地做好自己的本职工作，这也是对自己，对为你提供这个工作平台的单位或朋友负责的表现。如果你是一名学生，你就应该认真地去学习，这是你现在的职责。

作为上班族，你不必担忧自己是否会得到赏识，也不必担忧自己的努力会没有收获，更不必以种种标准来衡量自己的价值。如此，你将发现自己会变得轻松愉快。作为学生，你也不必在乎成绩的高低，不必要求同学或老师对你刮目相看，那么你自然就不会患得患失了。

不管你当下是什么身份，真诚地敞开自己，尊重身边的人，用爱、乐观的心态去迎接生活吧！事实上，你所付出的辛勤和诚恳的“因”，必然会在合适的时间产生好的“果”。

其实，人生的幸福并不复杂，复杂的只是我们所赋予它的条条框框。为什么非要为自己加上层层捆绑呢？只要你放下一些世俗的观念，只要你顺应无常的法则，你就会发现自然与平静是最大的幸福。

把精力放到实实在在的当下

古代的圣贤曾把人的心比作树林里善变的猴子，刚刚还在这个树枝上，不一会又跳到了另一个树枝上。我们难道不是这样吗？回味着刚刚吃过的可口菜肴，心里想着下一次再去品尝，结果一眨眼工夫，注意力又被旁边经过的豪车所吸引，于是又开始想“我什么时候能开上这样的车”。然后再过一阵子，可能又在想“我要做一个什么样的人”。

我们就是这样，总是活在对过去的回忆和对未来的想象中。一方面揪着过去不放，另一方面又在想象或担忧未来。看看我们常说的话：“嗨，如果当初……我现在……”或者“早知道的话，那就……”或者“万一……那就糟糕了”。

很多时候，我们总是给自己的快乐设定一个条件：“如果我有了房子，那我就会……”“如果我找到了心爱的人，那我就会……”“如果我能有……钱，那我就会……”“如果我的孩子听话，那我就会……”“如果老板能赏识我……”“如果我能搞好人际关系……”“如果我能高点……”“如果我能瘦点……”“如果我能漂亮点……”

我们满脑子装的都是前提性的“如果”，我们就是这样不断地剥削自己，在过去和未来之间打转。而当下的那份安然、那份真实完全被我们丢掉了。

有时我们也很会自圆其说："人必须要居安思危、未雨绸缪，否则就会乐极生悲、后患无穷。"

仿佛只有时刻反思过去、担心未来才是合情合理的；反之，就是不求上进、堕落、肤浅、平庸、失败的表现。

我们在寻求快乐的过程中就是这样先给自己的快乐设定某种条件的。好像不这样做就是不应该，就会有危险似的。

在过去和未来之间，我们很少留意这个可以创造各种可能的当下。然而，时间就像一条流动的河，如果我们不能遵从水的流势，把握当下流动的变化，就将被淹没在时间的洪流中。

从过去到现在再到未来，过去曾经是我们的现在，而现在也即将成为我们的过去，接着未来又将成为现在，然后再流逝为过去——时间就是这样不断地流动变化着，它从不会为任何事物多停留一秒钟，不管是所谓好的还是不好的。我们可以看到，这个从"升起""存在"到"消失"，接着再循环的过程，不正是无常的运作过程吗？

过去的已经消失，我们的执着不能让过去重现。未来尚未发生，但它缘起于现在。因此，唯有当下这一刻才是真实的力量所在，它是未来的"源头"。我们当下所思所想、所作所为的"因"，即将创造下一刻、明天、大后天直至未来的"果"。就像"种瓜得瓜，种豆得豆"的因果道理一样。

有时候，过去和未来在我们看来比现在更真实。毕竟过去的经历影响了我们现在的思想和行为，而未来的目标也决定了我们现在要做的。但这就是真实的吗？

当你舍弃当下，穿梭于过去和未来时，能得到什么呢？除了思想投射出的幻象外，没有其他的。所有事情都发生在当下，不管你是沉浸在对过去的回忆中，还是对未来的想象中，你都是在当下进行这些活动的。可见，过去和未来是没有真正现实性的，既然不是现实性的，为何不把精力更多地放在实实在在的“当下”呢？

有一位得道的禅师，座下有三名禅功深厚的弟子，分别叫佛果、佛眼、佛槛。三名弟子深受禅师赏识。

一天夜里，禅师和三名弟子正在回寺院的途中，忽然一阵风将佛眼手中提的灯笼吹熄了，四周一片漆黑。禅师立即问道：“三位弟子，快把你们此刻的心境说出来。”

佛槛抢先答道：“彩凤舞丹霄。”意思是说，对于禅者来说，即使是黑暗，也像是绚丽多彩的凤凰起舞于红霞明丽的天空。

话音刚落，佛眼说道：“铁蛇横古路。”意思是说，没有什么可以阻挡内心空明的求法者。

禅师听完后，把头转向佛果。佛果指指路面道："看脚下。"

灯火灭了，当然要注意脚底下的东西，否则就会被石头绊倒。

禅师点头叹道："能够胜过我的，只有佛果了。"

也许你对人生有很多领悟，你可以高谈阔论，但你如果不顾眼下，再深的领悟也只是空幻的概念。

不论过去发生了什么，都已然过去。不论未来将充满艰难险阻还是一片坦途，我们应做的就只有一件事情："安住当下，看好脚下。"踏踏实实走好这一步才能走好下一步，走好人生路上每一步。

也许我们对现在的生活有诸多的不满，但它却是当下真实的存在。事实上，生活本身不会让我们感到不快乐，让我们不快乐的是我们对生活的态度和认识。

也许我们对正在做的事情感到不快乐，但要知道，做什么事情本身并不会让我们感到不快乐，做这件事情时所想到的东西才是我们不快乐的原因。我们可以改变当下的状况，或者选择去做令我们感到愉快的事情。如果当下的状况是无法改变的，我们就更应该将精力完全放在当下发生的事情上，接受当下的事实。这时你就会发觉，抗拒和不愉快等烦恼都会慢慢消失，随之而来的也会是平静和喜悦。

生命的品质源于平静的心

老子说："夫物芸芸，各复归其根。归根曰静，静曰复命。"纷繁万物回归根本就是"静"，只有静才能回归生命的本真。

平静就是健康，平静就是快乐，平静就是爱，平静就是智慧，平静可以消除生命中的种种烦恼，这正是佛陀对我们深切的教诲。以一颗平静的心面对无常，当不如意的事情发生时，我们就以一颗平静的心去对待；当我们拥有美好的事物时，我们也以一颗平静的心去享受。

无常并不代表我们要逆来顺受、随波逐流；相反，我们可以看透无常，超越无常，学会如何在无常变易的世间生活得更好。然而，我们很多人却苦苦地执着于自己定义的"好"，期待它保持不变。当我们所定义的这个"好"转变为"不好"时，我们就会陷入无限的痛苦中。

我们就像一个河岸边的守护者，期待河水静止下来，然而，水往低处走是大自然的不变法则。

究竟如何才能在无常变化中保持安然自在呢？答案只有一

个，那就是“平静”。平静让我们从河岸边的守护者转变成平静的观察者，水在流动，但你的心没有像水一样流走。以平静的心接受水的流动，以平静的心对待水的流动，让种种烦恼在平静的心灵中自生自灭，让所有的愉快在平静的心灵中自由自在。

后记

重度抑郁后的重生

过去的我瞻前顾后，遇事总是思来想去，犹豫不决。

过去的我敏感多虑，一点小事、一句话、一个动作、一个眼神都会让自己忧心忡忡。

过去的我坚持完美主义，凡事都想赢得别人的肯定，力求完美无缺，进而总是陷入自责和批判。

过去的我混乱不堪，生活没有明确目标，做事没有原则，结果总是虎头蛇尾。

过去的我内心黯然沉重，弥漫着焦虑不安，总是爱胡思乱想吓唬自己。

过去的我内心有太多幽暗的思绪，以至于最终发展为抑郁症。

庆幸的是，抑郁历练了我的心灵，改变了我的人生，使我知道有一种活法叫“淡定”，有一种力量叫“平静”，有一种幸福叫“从容”。

陷入抑郁，探索自救

高考后，我在家度过了一段相对轻松的日子。和所有年轻人一样，我喜欢躺在床上幻想未来，规划人生，有时候一想就是大半夜。可没想到，这种对未来美好的憧憬演变成我抑郁症的导火索。沉溺于这种憧憬时，突然有一天，我陷入了莫名的恐慌之中，对周围的人和物都感到极其恐惧。世界对我来说，到处都充满了危险，人人都是可怕的，任何细微的变化都会给我带来不安——我不知道自己为什么满脑子的念头都和焦虑恐惧联系在一起。

一天晚上，我通宵未眠，整晚都在焦虑不安中度过。错综复杂的恐惧和绝望像魔咒般紧紧纠缠着我。一方面，我觉得自己在钻牛角尖，认为一切都会自然地过去；另一方面，我又偏偏放不下这些念头，感觉一天不消除这些恐惧的念头，心里就没着没落的，就一天也睡不好。

随之而来的是身体上的不适，我经常头痛难忍、胸口发闷。恐惧、焦虑的思想让我无法平静，屋子里的好多东西都成了我发泄愤怒的牺牲品。

八月份，我收到了重庆一所大学的录取通知书，然而我却没有一丝丝的喜悦。我感到更焦虑了：离家千里又没有亲戚和朋友，以我现在的状况能否把大学读下来？

在强烈的恐惧和挣扎中，我硬是咬着牙坚持到了北京，找到朋友推荐的一家心理医院。当时，高额的咨询费和医药费简直出乎我的意料，但我想只要能治好自己，哪怕学费都花光了也行。可没想到的是，那个心理医生给我讲的全是大道理，丝毫没有减轻我的痛苦，反而让我感觉像是没有出路了。

背着厚厚的行囊，手里拎着一袋子药，我浑浑噩噩地到了重庆。一出火车站，我感觉自己完全像到了另外一个世界，高山林立的地形和闷热的天气让我无法适应。就连语言交流也成了障碍，但加上焦躁的心情，简直让我欲哭无泪。

在大学的几年里，我从未停止过求医。我先后去过北京、上海、哈尔滨等各大城市，几乎访遍我了解到的有名的心理医院和心理咨询中心。奔走了一圈之后，我才敢于承认，我患上了重度抑郁症。当时我的症状已经不仅仅是抑郁了，还伴有明显的强迫、恐惧和焦虑的情绪。用专业的话来说，症状已经全面泛化了。我发现自己无法集中精力做任何事情，包括看书、听歌等许多小事。我整天觉得自己像被一片乌云笼罩着，陷入了无法挣扎的泥潭，总是挣脱不了这种强烈的束缚，整个人处于崩溃的边缘。

出现转机，有所突破

我在求医过程中，还遇到了比较大的困惑，就是医院和心理咨询中心的理念上有很多冲突，医院主张药物治疗为主，而心理咨询则主张心理治疗。在方法和理念上，更是公说公有理，婆说婆有理，搞得自己像只无头苍蝇一样撞来撞去。无奈之下，我只好一边求助治疗，一边自己摸索，庆幸的是，这个斗争的过程便是我人生的转折点。

现在想想，也许是上天给你关上一扇门的同时，在另一边也会为你开一扇窗。就在绝望之时，不知道是哪来的一股力量，我心想："反正已经这样了，那我就自己救自己算了，大不了一死了之。"我开始大量阅读专业的心理书籍，其中有两本书给了我很大的信心，一本是《奇迹课程》，作者是美国从事医学心理治疗的心理学家海伦 · 舒曼；另一本是《心灵的处方》，是德国的两位著名心理治疗专家多丽斯 · 沃尔夫和罗尔夫 · 梅尔克勒所著。

在反复研读这两本书后，我试着去实践书中的一些练习。每天早晨五点钟，我都坚持到学校的操场上去跑半个小时，回到寝室躺在床上开始练习呼吸放松，一段时间后，我发现自己的视力越来越好了，而且身体肌肉不再像以前那样紧绷了，这极大地鼓励了我。

之后，一次偶然的机会，我接触到《生命的重建》这本书，可以说，这本书开启了我生命新的篇章，使我走上了助人助己的光明道路。

这本书是美国著名心灵导师露易丝·海所著。她曾患有癌症，但在他人的帮助和自己的努力下，最终战胜了癌症。书中讲述了一些较为具体的改变自己的方法。当我看完此书后，内心备受鼓舞和感动，泪水一次次夺眶而出。书中有些个案的症状就像是在说自己，那种被理解、被接纳的感觉真是难以言表。我想癌症都能治愈，还有那些内心遭遇各种痛苦的人也都成功地蜕变了，那我的抑郁症也一定可以治愈。

我反复研读《生命的重建》这本书，并依照书中的一些誓言句子去练习，几个星期后，我发现自己的恐惧思想好像减少了，这又给了我很大的信心。对我来说，这是一个不小的收获，这个方法是有效的，我的方向是没错的。

之后我一直坚持练习，同时慢慢地总结了几个更加精练的誓言句子，如“我放弃在我意识中制造担心和害怕的旧思想，我现在接受人们对我总是很友好的，我是完全安全的”“我放弃各种担心和害怕，在我生命中没有万一，在我生命中发生的只有对的和好的”“我所有的担心和恐惧都是我的旧思想造成的，我现在决定放弃”……

在练习誓言法的过程中，起初一段时间没有什么显著的效果，甚至感觉是在自欺欺人，但随着练习时间的加长，我感觉自己的消极思想一点点在减少，并且体会到在不同情景下练习会有不同的效果。尤其是早晨，一边跑步一边大声诵读句子，效果更加明显。

白天除了誓言练习外，我还大量地研习儒、释、道思想，以及各种心理疗法。晚上我会找一个安静的地方开始练习“静坐”和“冥想”。开始的时候真是非常痛苦，闭上眼睛坐下来，脑子里的焦虑念头反而更多，就像有个马蜂窝一样嘈杂不停。并且，对静坐练习我也有一些疑虑和担忧，担心自己会走火入魔，担心会被同学说是歪门邪道，所以变得焦虑万分。但反复的研习和实践，使我慢慢地掌握了应对这种内心波动的方法和技巧，我也逐渐能较好地接受一切，并坚定地持续练习了。

我尝试过很多方法，最后我发现催眠法、冥想、誓言练习尤其是观息法效果非常好。慢慢地，我在没有药物帮助的情况下，也能够入睡了，这令我非常惊喜，从而激励着我继续坚持下去。

经过三个月的誓言法和静坐冥想练习后，有一天晚上，我在新华书店里看书，突然感觉一股暖流涌遍全身，整个人从头到脚一下子松弛了下来。感觉长时间“扣”在头上的东西一下子没了，思维也清晰了，眼睛也变得明亮了。

回宿舍的路上，天空虽飘落着小雨，但对我来说世界是那么平静与柔润，这种感觉在爆发抑郁症之前甚至都从未有过。我的心变得像黎明时山中的湖水一样静谧，周遭的人和物看起来也是那么和谐与自然。感觉心静得可以倒映出周遭的一景一物，整个人完全融入了这种平和、宁静与安详，我知道这就是我的重生之刻。

助人之路，探索内在秘密

人生起起落落，总有谷底在等着我们逾越。现在回过头看自己从谷底走出来的经历，对生命的理解更加深刻丰富了。无论经历过怎样的痛苦，生命本身都在忠诚地为我们寻找解脱的出路，都在帮助我们把消极情绪转为正向和积极的。

回顾和消极情绪相处的那几年，有辛酸与苦涩，更有磨炼与成长。经历了多少次的绝望和打击，走过那种种痛苦，内心真是感慨万千。我暗自立誓，决定全心投入心理救助的事业中。一方面是因为我在自己寻求治疗的过程中，了解到有许多在痛苦中挣扎的朋友还没有找到出路；另一方面，这段心路历程促使我继续探索内心的秘密，不断成长。

毕业后，我全身心研究心理学，决定终生从事心理问题的研究与实践。我在中科院心理研究所潜心研修心理学，并跟随国内外多位知名大师学习催眠疗法，也在香港进修了自然医学顺势疗法和音乐治疗。

在北京从事了多年的心理咨询工作后，为更有效地帮助来访者走出内心低谷，重塑自己，我以自己的亲身经历和体悟，结合当代心理学理论以及儒、释、道的思想，创立了“心灵重塑疗法”。这种方法帮助许多来访者从抑郁、强迫、焦虑、恐惧等症状中成功地走出来，获得了新生。

需要强调的是，如果你听闻了一种方法或是一种理论，你感觉它是正确的、有效的，但最后没有身体力行去实践，那么这种理论或方法永远不会在你身上产生作用。任何方法都要自己去亲身实践后，才是属于自己的。如果我们只是听闻了、思考了，并没有去用，那这种方法再好再有效，也永远只是别人的方法，自己永远得不到方法带来的成果。

路是自己走的，你向前迈一小步，距离目标就会缩短一大步；如果你走完全程，就到达了最终目标。我就是这样一步步坚持走下来的，只要坚持按照正确的方法去实践，就一定可以到达成功的彼岸，看到雨后的彩虹。

你可以拥有淡定的人生

每一种消极情绪的背后，都可能有着各种复杂的原因。也许你的问题是在童年成长中积累的，也许是你在生活中遭遇了某些挫折或创伤……

我们的问题都是来自过去的思想和看法，只要你愿意放弃过去的旧思想，重新选择健康、正面的新思想，只要你怀揣希望，坚定地修炼你的心，就一定可以获得新生，恢复内心的平静。

我做到了，我的很多抑郁症学员也做到了。抑郁症尚且如此，人生还有什么情绪问题是不能化解的？还有什么样的心理局限是不能突破的？请相信，你一定可以拥有快乐从容的人生！

北京阅想时代文化发展有限责任公司为中国人民大学出版社有限公司下属的商业新知事业部，致力于经管类优秀出版物（外版书为主）的策划及出版，主要涉及经济管理、金融、投资理财、心理学、成功励志、生活等出版领域，下设“阅想·商业”“阅想·财富”“阅想·新知”“阅想·心理”“阅想·生活”以及“阅想·人文”等多条产品线，致力于为国内商业人士提供涵盖先进、前沿的管理理念和思想的专业类图书和趋势类图书，同时也为满足商业人士的内心诉求，打造一系列提倡心理和生活健康的心理学图书和生活管理类图书。

《与情绪和解：治疗心理创伤的 AEDP 疗法》

- 这是一本可以改变人们生活的书，书中探讨了我们可以怎样治疗心理问题，怎样从防御式生活状态变为自我导向、目的明确且自然本真的生活状态。
- 学会顺应情绪，释放情绪，与情绪和谐相处，让内心重归宁静，让你在受伤的地方变得更强大。

《释放内在的小孩：情绪的艺术疗愈》

- 我们对生活的总体感知决定我们的情感和情绪。
- 情绪表达艺术大师倾心之作，倾听内在小孩的情感表达，通过有创意的出口宣泄所有的情绪。

《战胜抑郁症：写给抑郁症人士及其家人的自救指南》

- 美国职业心理学委员会推荐，一本帮助所有抑郁症人士及徘徊在抑郁症边缘的人士重拾幸福的自救指南。
- 本书将告诉你面对抑郁症最正确的做法是什么，并指引你去寻找最佳的诊断和治疗。